智·慧·商·业
创新型人才培养系列教材

统计与 数据分析基础

谢文芳 胡莹 段俊 / 主编

马小凤 / 副主编

U0390383

人民邮电出版社

北 京

图书在版编目（CIP）数据

统计与数据分析基础：微课版 / 谢文芳，胡莹，段俊主编. -- 北京：人民邮电出版社，2021.3（2023.2重印）
智慧商业创新型人才培养系列教材
ISBN 978-7-115-55548-9

Ⅰ. ①统… Ⅱ. ①谢… ②胡… ③段… Ⅲ. ①统计数据－统计分析－高等学校－教材 Ⅳ. ①O212.1

中国版本图书馆CIP数据核字(2020)第247342号

内 容 提 要

本书主要介绍了统计与数据分析的基本知识、数据采集的操作、数据采集后的清洗和加工操作、描述性统计分析、抽样估计分析、统计指数分析、相关与回归分析、时间序列分析、数据可视化展现，以及编制数据分析报告等内容。

本书采用理论结合实践的方式，不仅介绍了数据分析的必要原理、方法，还充分结合了日常生活和工作中的案例，将理论加以实践和分析，不仅提高了读者学习的积极性，而且让读者更容易理解数据分析的方法。通过对本书的学习，读者可以轻松掌握各种常用数据分析的方法和技巧，同时也能掌握如何利用 Excel 完成数据分析的工作，更重要的是可以直接将所学知识应用到实际中。

本书可作为高等院校和高等职业院校数据科学与大数据技术、统计学、市场营销、工商管理、电子商务、商务数据分析与应用等专业统计与数据分析课程的教材，也适合企业的管理者和数据分析人员，以及对数据分析有兴趣的读者参考。另外，本书也可以用作企业内部的数据分析培训教材。

◆ 主　　编　谢文芳　胡　莹　段　俊
　　副 主 编　马小凤
　　责任编辑　古显义
　　责任印制　王　郁　焦志炜

◆ 人民邮电出版社出版发行　　北京市丰台区成寿寺路 11 号
　　邮编　100164　电子邮件　315@ptpress.com.cn
　　网址　https://www.ptpress.com.cn
　　北京市艺辉印刷有限公司印刷

◆ 开本：787×1092　1/16
　　印张：15.5　　　　　　　　2021 年 3 月第 1 版
　　字数：437 千字　　　　　　2023 年 2 月北京第 5 次印刷

定价：49.80 元

读者服务热线：(010)81055256　印装质量热线：(010)81055316
反盗版热线：(010)81055315
广告经营许可证：京东市监广登字 20170147 号

PREFACE
前　言

随着大数据时代的到来，"数据驱动决策"这个理念变得更具价值，"数据是第一生产力"这个口号也显得更加准确和坚定。无论是企业还是个人，都切身感受到了大数据时代为人们生活、学习和工作带来的巨大变化，越来越多的企业和个人也意识到数据和信息已经成为重要的资产和资源，掌握数据的统计与分析方法，就能真正掌握这些资产，并开发这些资源。

然而，统计与数据分析并不是人人都可以轻松完成的工作，也正因为如此，成为统计与数据分析领域的人才，就有可能成为相关企业竞相争取的对象。对于零基础的读者而言，如何找到正确的学习方法，如何更高效地学习并掌握统计与数据分析的内容，如何将复杂枯燥的数据分析变得更加简单和有趣，是困扰他们的主要问题。解决这些问题便是我们编写本书的初衷。

希望读者能够通过对本书的学习提升自我，更好地理解数据、用活数据，向成为数据分析专家逐步迈进，真正为个人和企业带来价值。

本书内容

本书共 10 章，具体包含以下内容。

第 1 章：介绍了统计和数据分析的基本知识，主要包括统计与统计学的含义、统计学中常用的基本概念、数据分析的目的、数据分析的基本思维、数据分析的常用方法、数据分析的一般流程等内容。

第 2 章：介绍了数据采集的知识，主要包括数据的类型与来源、数据采集的流程与方法，以及包括生意参谋、京东商智、店侦探、八爪鱼采集器、火车采集器等常用数据采集工具的使用方法等内容。

第 3 章：介绍了数据采集后的清洗、加工操作，主要包括缺失值修复、错误值修复、逻辑错误修复、数据格式的统一、重复数据的清理、数据分列、数据排序与筛选、数据行列的转换、数据计算、数据汇总，以及数据提取等内容。

第 4 章：介绍了集中趋势、离散程度和分布形态等数据描述性统计的计算方法，主要包括算术平均值、中位数、众数的分析，极差、四分位差、平均差、方差、标准差、变异系数的分析，以及偏度与峰度的分析等内容。

第 5 章：介绍了抽样估计分析的操作，主要包括抽样的方法、抽样分布中涉及的基本概念、样本统计量的抽样分布、点估计、区间估计，以及样本量的确认等内容。

第 6 章：介绍了统计指数的分析操作，主要包括统计指数的概念、作用、种类，综合指数的计算、平均指数的计算，以及指数体系与因素分析等内容。

第 7 章：介绍了相关与回归分析的方法，主要包括相关关系、相关系数、一元线性回归分析与检验，以及多元线性回归分析与检验等内容。

第 8 章：介绍了时间序列的分析方法，主要包括时间序列的含义、分类、影响因素和计算指标，以及时间序列的几种常用的预测方法等内容。

第 9 章：介绍了将数据分析进行可视化展现的方法，主要包括统计表、统计图，以及数据透视表与数据透视图的应用。

第 10 章：介绍了数据分析报告的编制方法，主要包括数据分析报告的作用、编制原则和结构，并通过范文介绍了报告的具体编制思路和方法等内容。

本书特色

本书具有以下特色。

（1）讲解深入浅出，实用性强

本书在注重系统性、理论性和科学性的基础上，突出了实用性及可操作性，对重点概念和操作技能进行了详细讲解，内容丰富，深入浅出，每个实例都有详细的步骤解析，确保数据分析零基础的人学习无障碍，有一定经验的人提高更快。

本书在讲解过程中，还通过"专家点拨"小栏目为读者提供了实用性极强的工作技巧和更多解决问题的方法，从而让读者掌握更全面的知识，并引导读者尝试更好、更快地完成数据分析的工作。

（2）采用"理论+实践"模式

本书在进行实例分析之前，对相关的数据分析指标和数据分析理论知识进行详细说明，这样既减轻了读者的学习负担，又能促使读者更好地将理论应用于实际。书中选取的实例都是日常生活和工作中可能遇到的典型问题，不仅能够保证读者阅读的轻松氛围，也能帮助读者在生活和工作中游刃有余地处理类似问题。

（3）提供"实验室"栏目

统计与数据分析的过程是复杂且枯燥的，本书为了提高读者的学习积极性，使其更好地掌握相关知识，特设置了"实验室"栏目，该栏目同样选取各种丰富的案例，对理论知识加以应用，可以使读者更好地接受并吸收所学的知识。

（4）描述直观，标注清晰

为了使读者能够快速掌握各种理论知识和操作技巧，本书以准确而平实的语言对操作步骤进行描述，并配以直观的屏幕截图和标注，使内容更加一目了然，从而帮助读者快速掌握操作的精髓。

（5）课后练习

本书在每一章结束后都精心策划了一系列练习题，紧扣该章所讲的内容，让读者在完成练习的过程中，进一步掌握并巩固所学到的知识。同时，本书配有所有练习题的参考答案，可供读者参考使用。

（6）配套资源丰富

本书提供丰富的 PPT、教案、练习题答案等立体化的配套资源。选书老师可以登录人邮教育社区（www.ryjiaoyu.com）下载并获取相关教学资源，另外，本书还配套丰富的微课视频，读者可以用手机扫描书中的二维码进行观看，也可以扫描封面上的二维码或者直接登录"微课云课堂"（www.ryweike.com）后，用手机号码注册，在用户中心输入本书激活码（82af87a7），将本书包含的微课资源添加到个人账户，获取永久在线观看本课程微课视频资源的权限。

本书的编者

本书由谢文芳、胡莹、段俊担任主编，由马小凤担任副主编。由于编者水平有限，书中难免存在疏漏和不足之处，恳请广大读者及专家不吝赐教。

编者

2020 年 10 月

CONTENTS
目　录

第 1 章

大数据时代的统计与数据分析

【学习目标】

➢ 了解统计与统计学
➢ 熟悉统计学的几个基本概念
➢ 了解数据分析的目的
➢ 熟悉数据分析的思维、常用方法和流程

在大数据越来越重要的时代，各种事物及其产生的行为，都会通过数据的方式被记录下来。谁能够更好地利用这些数据，谁就能够获得更多的优势。例如，学生利用大数据分析难题、错题，可以提升成绩；科研人员利用大数据研发产品，可以提高研发效率等。因此，在大数据时代下如何统计与分析数据，便是需要掌握的基本技能。本章将首先对统计与数据分析的基本概念进行介绍，以便让读者进一步理解什么是统计与数据分析。

1.1 什么是统计

在工作或生活中，人们经常面对各种各样的数据，并希望从数据中得出某些结论以便做出更好的决策，此时就会产生统计行为。下面先简要介绍统计、统计学以及统计学中的基本概念。

1.1.1 统计与统计学

统计是对数据资料的获取、整理、分析、描述和推断等操作的总称。从某种角度来看，统计实际上就是获取和使用各种数据资料的行为。而统计学则是关于收集、整理、分析数据和从数据中得出结论的科学。

具体而言，统计学主要包括描述统计和推断统计两个分支。

• **描述统计** | 描述统计是研究数据收集、整理和描述的统计学方法，其内容包括如何取得所需要的数据，如何用图表或数学方法对数据进行整理和展示，如何描述数据的一般性特征等。例如，为了了解与人们生活相关的商品及服务价格水平的变动情况，收集居民消费价

格指数（Consumer Price Index，CPI）数据，利用增长率计算CPI的基本走势，利用图形图表展示CPI的变化等，就属于描述统计的范畴。

- **推断统计** | 推断统计则是研究如何利用样本数据来推断总体特征的统计学方法，其内容包括参数估计和假设检验两大类。其中，参数估计是利用样本信息推断总体特征；假设检验是利用样本信息判断对总体的假设是否成立。例如，某公司要评测客人满意度时，如果客观条件限制不能对所有客户进行满意度调查，则可以从中随机抽取一部分客户，调查其对该公司的满意度情况，就可以利用各种与满意度相关的参数进行估计计算，如质量感知、忠诚度等。然后通过推断统计将满意度高的客户维护成忠诚客户。这就是推断统计需要解决的问题。

1.1.2 统计学中的基本概念

在统计学中，总体、样本、个体、统计标志、统计指标等是出现频率较高的基本概念，理解了这些概念的含义，就更容易理解统计学的内容。

1. 总体、样本与个体

总体、样本与个体的关系如图1-1所示。

其含义分别如下所示。

- **总体** | 总体是客观存在的、性质相同的大量个体构成的整体，具有大量性、同质性和变异性等特性。大量性决定了总体需要由一个相对规模的量所组成，个别个体或少量的个体无法反映总体的特征，不足以构成总体，这是对总体量的规定；同质

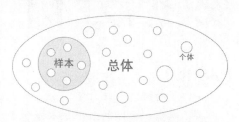

图 1-1 | 总体、样本与个体的关系

性决定了总体的组成个体中，至少存在一种性质相同的特性，这是对总体质的规定；变异性决定了总体中的个体具有质的差异和量的差别，这样的总体才更具备统计分析的意义。

- **样本** | 样本是从总体中抽取出来的一部分个体组成的整体，其作用是通过样本特征来推断总体特征，能够简化数据统计分析的工作量。

- **个体** | 个体是组成总体的基本单位，是各项数据最原始的载体。

表1-1所示为某公司销售员当月完成的销售额数据，18位销售员产生的销售额数据个体，就组成了整个公司当月销售额的总体数据，如果以左边这一列9位销售员的销售额数据来推测公司所有销售员的平均销售额，则左边这一列的销售额数据就为样本数据。

表 1-1　某公司销售员当月完成的销售额数据统计表

销售员	性别	销售额（元）	销售员	性别	销售额（元）
赵红	女	28551	曾琦	男	29779
孙立	男	28858	魏晓芳	女	15964
刘凯	男	26154	陈倩	女	19605
马思思	女	22103	王芳	女	26415
张杰	男	20958	詹小杰	男	23957
郭奇伟	男	25481	张琪	女	18727
白婷婷	女	19341	李建	男	20262
朱伟杰	男	27652	殷建平	男	25788
宋燕	女	24867	郑凯	男	29472

2. 统计标志与统计指标

统计标志与统计指标可以体现数据的各种属性和特征，是进行数据统计与分析时必然会用到的概念。

- **统计标志** | 统计标志反映的是总体的属性或特征的名称，按性质不同可分为品质标志和数量标志。其中，品质标志反映的是总体的属性特征，如表 1-1 中不考虑个体因素，每位销售员的性别属性就是品质标志，其标志内容表现为文字，如"男""女"；数量标志反映的则是总体的数量特征，表 1-1 中不考虑个体因素，每位销售员的销售额就是数量标志，其标志内容表现为具体的数值。

- **统计指标** | 统计指标反映的是总体特征的概念和具体的数值。按反映内容或数值表现形式的不同，统计指标可分为总量指标、相对指标和平均指标；按反映数量特点与内容的不同，统计指标又可分为数量指标和质量指标。各类统计指标的含义如图 1-2 所示。

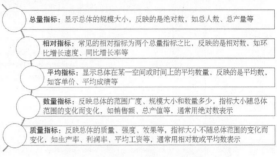

图 1-2 | 各类统计指标的含义

1.2 认识数据分析

数据分析是指用适当的方法对大量数据进行整理和分析，以提取数据中有用的信息，并形成正确的结论，最终为工作、学习或生活提供有效的帮助和决策。

1.2.1 数据分析的目的

数据分析的目的，实质是利用数据分析的结果来解决遇到的问题，具体而言，根据解决问题的类型，可以将数据分析的目的分为分析现状、分析原因和预测未来 3 类。

- **分析现状** | 分析现状是数据分析最显而易见的目的，以电商为例，明确当前市场环境下的商品市场占有率、店铺会员的来源、支付转化率、主要竞争对手和竞争商品等都属于对现状的分析。

- **分析原因** | 分析原因是在分析现状的基础上进行的，例如，某商店某天的访客数量突然大量增加，或会员突然大量流失等，每一种变化都是有原因的，对数据的分析就是要找出这个原因，便于继续维持好的局面，或改善不好的局面。

- **预测未来** | 数据分析的第 3 个目的就是预测未来，如用数据分析的方法预测未来市场的变化趋势、预测未来商品的销售情况等。通过预测结果可以更好地制订相应的策略和计划，进而提高未来计划的成功率。

1.2.2 数据分析的基本思维

数据分析有其特定的思维，下面将重点介绍几种常见的数据分析基本思维，理解它们的含义，有助于读者更好地利用数据进行统计和分析。

1. 对比思维

对比是比较常见、直接和容易的数据分析思维。例如，通过商品销量的对比分析各商品的销售情况，通过一年中每个月的交易数据对比来规划淡季和旺季的运营思路等，这些都可以直接利用对比思维进行数据分析。通过对比，我们能够直观地发现数据之间的差距，找到问题的所在，并确定优化的方向。

以电商行业为例，某店铺准备新增男装牛仔裤类目的商品，通过数据对比分析发现男装牛仔裤行业搜索量前 10 名的搜索量都有不同程度的下降，说明客户对该行业的关注度整体在降低，接着进一步对比发现宽松男士牛仔裤占据了涨幅榜的多个位置，如图 1-3 所示。因此可以发现，该行业的整体数据反映了男装牛仔裤的关注度在降低，但宽松男士牛仔裤在未来一段时间拥有一定的市场，因此考虑主打宽松男士牛仔裤进行销售。

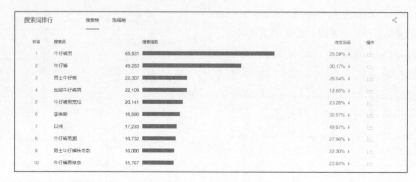

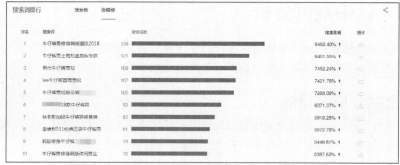

图 1-3 │ 数据对比分析

2. 追踪思维

经过积累和沉淀后的数据，往往更具分析价值。从这个角度来看，在数据积累和沉淀后，对数据进行追踪分析也更能准确地发现和解决问题。举例而言，某店铺当日的访客量是 5000，转化率为 3%，成交额为 15000 元，这个数据是好还是不好，是增长还是下降，单一来看是完全不清楚的。只有查看近 1 周、近 1 月，甚至是近 1 年的数据，组成线性的趋势去研究，才能真正找到问题。换句话说，追踪的本质就是通过趋势来处理数据。

对于数据分析而言，积累的数据越多、内容越详尽，在后期进行追踪分析时得到的结果越可靠。因此对于需要进行数据分析的企业而言，应当在平时不断地积累数据，并通过建立不同的数据维度和追踪机制来分析和处理数据。

3. 分解思维

分解思维是指将所有数据逐次向下分解，找出更多子数据，并通过对子数据的挖掘和优化，找到问题方向，最终提升核心指标的数据质量。特别是当无法发现问题的成因时，更应该通过分解思路将数据或指标进行拆分，而不应该只着眼于某个现成的数据指标，而忽略与之相关的其他因素。例如，当发现店铺交易金额下降时，就可以将交易金额分解为流量、转化率和客单价，如果发现是流量下降，则需要进一步分解流量指标，查看到底是哪个流量渠道的指标出现了问题，这样才能找到问题的根本，最终才能解决问题。

4. 锚点思维

行为经济学中有个术语称为"锚"，简单来说是指如果客户遇到某个商品，则第一眼留下的印象将在此后对其购买这一商品的出价意愿产生长期影响价值，这个价值就是"锚"。借鉴于这个概念，锚点思维可以广泛地应用在数据分析中。例如，当存在多个因素影响转化率指标时，就可以只考虑将一个指标因素作为变量，其他指标因素视为锚点保持不变，然后测试这个变量因素对转化率的影响程度，以便后续做出有效优化。

5. 结合思维

结合思维实际上就是指对多维度数据的分析和处理，因为大多数数据在一段时间内兼具偶然性和关联性，单独利用一种维度来分析数据会显得比较片面，严重时会导致分析结果错误，所以应该从多个维度出发来分析。例如，转化率和流量一般呈负相关关系，流量猛涨，转化率就会降低，分析转化率为什么降低时，发现流量并没有快速上涨，此时就无法找到问题所在。如果结合其他维度，如分析客单价，就有可能发现在流量基本保持在同一水平时，造成转化率降低的原因是客单价的提升。

专家点拨

> 数据偶然性是指某一阶段的数据并不能完全反映出数据的整体真实情况，如用活动期间的访问量来说明店铺的整体访问量，反映出的结果自然就是虚高的；数据关联性是多维度的一种体现，大部分数据指标都具有关联性，因此利用结合思维对数据进行多维度分析就显得更有必要。

1.2.3 数据分析的常用方法

数据分析的方法较多，结合统计的相关内容而言，常用的方法如下所示。

- **描述性统计** | 对总体数据进行统计性描述，包括数据的频数分析、集中趋势分析、离散程度分析、分布等特征。
- **抽样估计** | 利用抽样调查所得到的样本数据特征来估计和推算总体的数据特征。
- **假设检验** | 对总体的特征做出某种假设，然后通过抽样研究的统计推理，对此假设应该被拒绝还是接受做出推断。
- **非参数检验** | 在总体方差未知或已知较少的情况下，利用样本数据对总体分布形态等进行推断。
- **统计指数分析** | 通过指数分析的方法对统计指标的综合情况和局部情况进行分析。
- **相关分析** | 通过分析两个或两个以上处于同等地位的随机变量间的数据情况来解释其相关关系，它侧重于发现随机变量间的各种相关特性。
- **回归分析** | 通过分析两个或两个以上变量间的数据情况来解释相互依赖的定量关系，它侧重于研究随机变量间的依赖关系，以便用一个变量去预测另一个变量。
- **时间序列分析** | 通过对数据在一个区域内容进行一定时间段的连续测试，分析其变化过程与发展规模。

■ 1.2.4 数据分析的一般流程

数据分析的流程一般涉及 6 个环节，具体如图 1-4 所示。

图 1-4 | 数据分析的流程

1. 确定目标

数据分析之前，首先要明确分析的目标，根据目标选择需要的数据，进而明确数据分析想要达到的效果。只有明确了目标，数据分析才不会偏离方向，更不会南辕北辙。在确定目标时，可以梳理分析思路，将数据分析目标分解成多个分析要点，针对每个要点确定具体的分析方法和分析指标，尽量做到目标具体化，为后面的分析工作减少不必要的麻烦。

2. 数据采集

明确了分析目标后，就能够有目的地执行数据采集工作。在这个阶段，需要更多地注意数据生产和采集过程中的异常情况，从而更好地追本溯源，这也能在很大程度上避免因采集错误而引起数据分析结果没有价值的情况发生。

3. 数据处理

数据处理针对的是执行采集操作后得到的数据不满足分析要求的情况。因为许多情况下采集到的数据往往是散乱、有漏缺的，甚至还是有错误的，此时就需要通过清洗、加工等各种处理方法，将这些数据整理形成符合数据分析阶段需求的数据对象。

4. 数据分析

在数据分析阶段需要利用适当的方法和工具，对处理后的数据进行分析，提取有价值的信息，并形成有效的结论。要想更好地完成数据分析工作，一方面要熟悉各种数据分析方法的理论知识并能灵活运用；另一方面还需要熟练掌握各种数据分析工具的操作方法。本书将 Excel 2016 作为数据分析的主要工具，该工具不仅简单易学，而且能够解决大多数的数据分析问题。

5. 数据展现

数据展现是指将数据可视化显示，图表是数据展现最有效的手段。在这个阶段需要重点考虑所选的图表类型能够真实且完整地反映数据特性和分析结果，另外也需要保证图表的美观性，使数据特性和分析结果可以更加清晰地体现出来。

6. 撰写报告

数据分析报告是对整个数据分析过程的总结与呈现。完成前面各个环节的工作后，就可以通过数据分析报告，将数据分析的思路、过程，以及得出的结果和结论完整地呈现出来，供报告使用者参考。

1.3 课堂实训——体验数据分析的过程

本章主要对统计和数据分析的基本概念做了简要介绍，本次课堂实训将带领读者简单体验一次数据分析的基本过程和思路，为其后面将要学习的内容做好准备。

■ 1.3.1 实训目标及思路

本次实训将利用 Excel 2016 来分析某店铺访客数情况，重点体验数据分析的基本思路和 Excel 2016 的操作方法，其中将涉及简单的数据对比分析、趋势分析和占比分析，具体思路如图 1-5 所示。

图 1-5 | 实训思路

1.3.2 操作方法

本实训的具体操作如下所示。

（1）打开"数据分析.xlsx"表格（配套资源：素材\第 1 章\数据分析.xlsx），其中采集的是某店铺一周内热销商品的访客数数据。选择 B1:I2 单元格区域，按住【Ctrl】键加选 B10:I10 单元格区域，在【插入】→【图表】组中单击"插入柱形图或条形图"下拉按钮 ，在弹出的下拉列表中选择第 1 种图表类型，如图 1-6 所示。

体验数据分析的过程

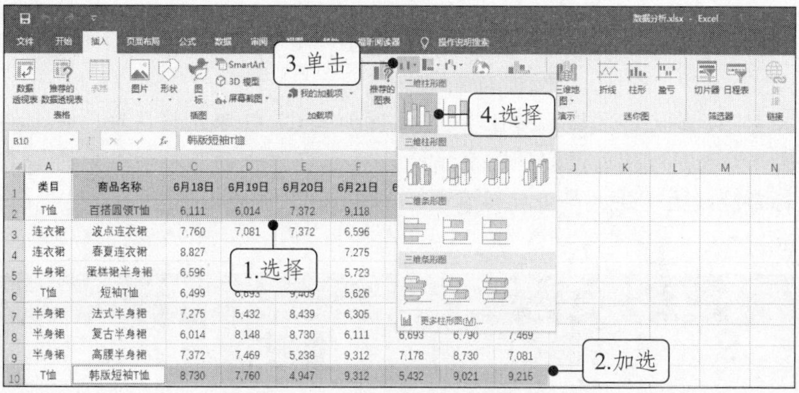

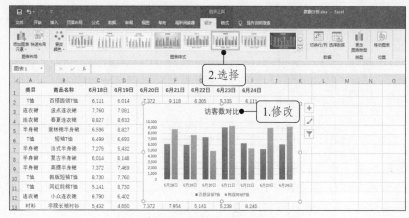

图 1-6 | 选择数据并创建图表

（2）选择图表中的标题文本，重新将内容修改为"访客数对比"，然后在【图表工具 设计】→【图表样式】组的"样式"下拉列表框中选择"样式 6"选项，如图 1-7 所示。

图 1-7 | 修改图表标题并应用图表样式

（3）继续在【图表工具 设计】→【图表布局】组中单击"添加图表元素"下拉按钮，在弹出的下拉列表中选择【数据标签】→【数据标签外】选项，拖曳图表右下角的控制点，适当增加图表的宽度和高度，如图1-8所示。通过对比可以发现，韩版短袖T恤一周的访客数总体上要高于百搭圆领T恤，但其访客数在6月20日和22日有严重下滑；相反，百搭圆领T恤虽然较韩版短袖T恤的访客数更低，但总体来看呈稳中有升的态势。

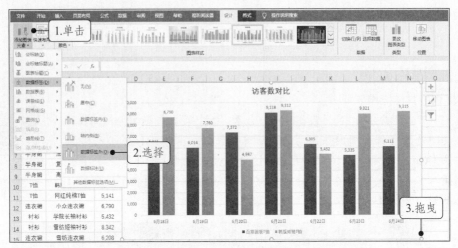

图1-8 添加数据标签并放大图表

（4）选择C1:I1单元格区域，按住【Ctrl】键加选C7:I7单元格区域，在【插入】→【图表】组中单击"插入折线图或面积图"下拉按钮，在弹出的下拉列表中选择第1种图表类型，将图表标题修改为"法式半身裙访客数一周走势"，并为图表应用"样式6"图表样式，如图1-9所示。

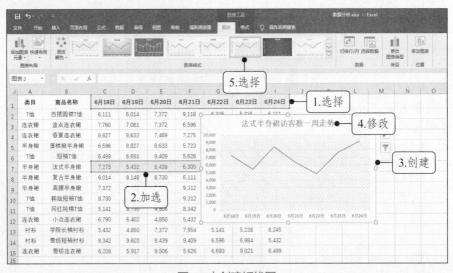

图1-9 创建折线图

（5）拖曳图表右下角控制点适当增加图表宽度与高度，并使用（3）中的方法为其添加位于数据系列下方的数据标签，如图1-10所示。由图可见法式半身裙一周内访客数最高峰为6月24日的9118位访客，最低谷为6月22日的4850位访客。虽然访客数增减变化较为明显，但整体是呈上升趋势的，说明商品正逐渐被市场所认同。

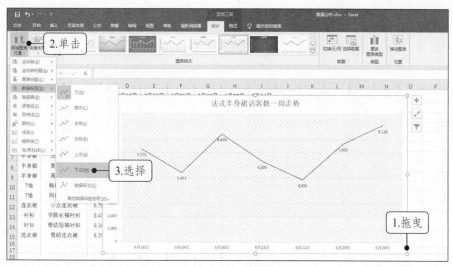

图 1-10 | 分析访客数趋势

专家点拨

  数据系列指的是图表中以图形显示数据的对象，具体而言，柱形图中的数据系列就是若干矩形对象；折线图则是折线段。

  （6）在 J1 单元格中输入"汇总"，选择 J2:J15 单元格区域，在编辑栏中输入"=SUM(C2:I2)"，表示对 C2:I2 单元格区域中的数据求和，按【Ctrl+Enter】组合键返回所有商品一周内的访客数总和，如图 1-11 所示。

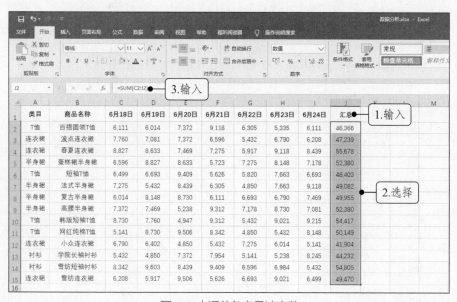

图 1-11 | 汇总各商品访客数

  （7）选择"类目"项目下任意包含数据的单元格，此处选择 A2 单元格，在【数据】→【排序和筛选】组中单击"升序"按钮，将数据按类目排列，如图 1-12 所示。

图 1-12 | 按商品类目排序

（8）选择 A1:J15 单元格区域，在【数据】→【分级显示】组中单击"分类汇总"按钮，打开"分类汇总"对话框，在"分类字段"下拉列表框中选择"类目"选项（分类字段即前面排序的字段），在"汇总方式"下拉列表框中选择"求和"选项，在"选定汇总项"列表框中选中"汇总"复选框，单击 确定 按钮，如图 1-13 所示。

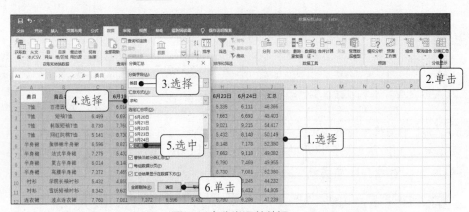

图 1-13 | 分类汇总数据

（9）按【Ctrl】键选择汇总的数据，即类目汇总名称和对应的汇总结果，选择后按【Ctrl+C】组合键复制，然后选择 A22 单元格，按【Ctrl+V】组合键粘贴，如图 1-14 所示。

4	T恤	韩版短袖T恤	8,730	7,760	4,947	9,312	5,432	9,021	9,215	54,417
5	T恤	网红纯棉T恤	5,141	8,730	9,506	8,342	4,850	5,432	8,148	50,149
6	T恤 汇总									199,335
7	半身裙	蛋糕裙半身裙	6,596	8,827	8,633	5,723	7,275	8,148	7,178	52,380
8	半身裙	法式半身裙	7,275	5,432	8,439	6,305	4,850	7,663	9,118	49,082
9	半身裙	复古半身裙	6,014	8,148	8,730	6,111	6,693	6,790	7,469	49,955
10	半身裙	高腰半身裙	7,372	7,469	5,238	9,312	7,178	8,730	7,081	52,380
11	半身裙 汇总									203,797
12	衬衫	学院长袖衬衫	5,432	4,850	7,372	7,954	5,141	5,238	8,245	44,232
13	衬衫	雪纺短袖衬衫	8,342	9,603	8,439	9,409	6,596	6,984	5,432	54,805
14	衬衫 汇总									99,037
15	连衣裙	波点连衣裙	7,760	7,081	7,372	6,596	5,432	6,790	6,208	47,239
16	连衣裙	春夏连衣裙	8,827	8,633	7,469	7,275	5,917	9,118	8,439	55,678
17	连衣裙	小众连衣裙	6,790	6,402	4,850	5,432	7,275	6,014	5,141	41,904
18	连衣裙	雪纺连衣裙	6,208	5,917	9,506	5,626	6,693	9,021	6,499	49,470
19	连衣裙 汇总									194,291
20	总计									696,460
21										
22	T恤 汇总	199,335								
23	半身裙 汇总	203,797								
24	衬衫 汇总	99,037								
25	连衣裙 汇总	194,291								
27										

图 1-14 | 复制并移动数据

（10）选择 A22:B25 单元格区域，在【插入】→【图表】组中单击"插入饼图或圆环图"下拉按钮 ，在弹出的下拉列表中选择三维饼图对应的图表类型，将图表标题修改为"各类目商品访客数占比"，并为图表应用"样式 3"图表样式，适当放大图表尺寸，如图 1-15 所示（配套资源：效果\第 1 章\数据分析.xlsx）。可见在一周内，T 恤、半身裙和连衣裙这 3 个类目的访客数占比基本上是相同的，衬衫类目的访客数占比则相对较低。

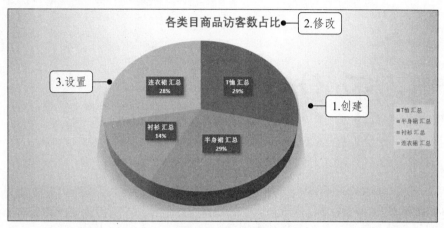

图 1-15｜创建饼图

1.4 课后练习

（1）统计学的两个分支是什么？各有什么特点？

（2）如何理解总体、样本和个体之间的联系与区别？

（3）简述统计标志和统计指标的概念。

（4）数据分析的 3 大目的是什么？

（5）数据分析常用的分析思维是什么？

（6）简述数据分析的基本流程。

（7）尝试采集某个班级每位学生的考试成绩，并利用 Excel 2016 的柱形图分析男生和女生平均成绩的对比情况。

（提示：计算平均成绩可以利用 AVERAGE 函数实现。）

第2章

数据采集

【学习目标】

➢ 了解数据的类型与来源
➢ 熟悉数据采集的流程与方法
➢ 掌握各种数据采集工具的操作方法

数据采集的目的，是为了在统计和分析数据时有全面且准确的数据源可以使用，从而提高数据统计和分析的效率。从这个角度出发，就应该重视数据的采集过程，确保采集到符合实际需要的数据。

2.1 数据的类型与来源

采集什么数据？在哪里采集数据？这些是数据采集较为核心的问题。因此本章在介绍数据采集之前，首先对数据的类型和来源进行讲解，解决前面提出的两个问题。

2.1.1 数据的类型

就数据采集领域而言，数据的类型可以依据不同的标准分为不同的类别，具体如图 2-1 所示。

按性质分类				按表现形式分类	
定类数据	定序数据	定距数据	定比数据	数字数据	模拟数据

图 2-1｜数据的类型

• **定类数据**｜这类数据只能对事物进行平行的分类和分组，其数据表现为"类别"，但各类之间无法进行比较。例如，某店铺将客户青睐的商品颜色分为红色、蓝色、黄色等，红色、蓝色、黄色即为定类数据，这类数据之间的关系是平等或并列的，没有等级之分。在统计中，为了方便对数据进行处理和分析，往往会为各类别数据指定相应的数字代码进行表示，如"1"表示红色、"2"表示蓝色、"3"表示黄色等，但这些数字只是符号，不能进行运算。

• **定序数据**｜这类数据可以在对事物分类的同时反映出各数据类别的顺序，虽然其数据仍表现为"类别"，但各类别之间是有序的，可以用来比较优劣。例如，用"1"表示小学，"2"表示初中，"3"表示高中，"4"表示大学，"5"表示硕士，"6"表示博士，则可以反映出各对象受教育程度之间的高低差异。虽然这种差异程度不能通过编码之间的差异进行准确度量，但是可以确定其高低顺序。

- **定距数据** | 这类数据不仅能比较各类事物的优劣，还能计算出事物之间差异的大小，其数据表现为"数值"。例如，李某的英语成绩为 80 分，孙某的英语成绩为 85 分，则可知孙某的英语成绩比李某的英语成绩高 5 分。需要注意的是，定距数据可以进行加减运算，但不能进行乘除运算，其原因在于定距数据中没有绝对零点。

- **定比数据** | 这类数据表现为数值，可以进行加、减、乘、除运算，没有负数。与定距数据相比，定比数据存在绝对零点。温度就是典型的定距数据，因为在摄氏温度中，0℃表示在海平面高度上水结冰的温度，不存在绝对零点。但对于销售人员的销量而言，"0"就表示没有成交量，属于绝对零点，所以销量属于定比数据。在实际生活中，"0"在大多数情况下均表示事物不存在，如长度、高度、利润、薪酬、产值等，所以在统计分析中接触的数据类型多为定比数据。

- **数字数据** | 这类数据在数据通信中也称为数字量，相对于模拟量而言，指的是取值范围是离散（用自然数或整数单位计算）的变量或数值。

- **模拟数据** | 这类数据也称为模拟量，相对于数字量而言，指的是取值范围是连续的变量或数值，如声音、图像等。

2.1.2 数据的来源

按数据来源的不同，可将数据分为一手数据和二手数据。

1. 一手数据

一手数据也称为原始数据，是指通过直接调查或科学实验等方式直接获取的数据。具体而言，采取实验观察、问卷调查、抽样调查等方法可以获取一手数据，如图 2-2 所示。

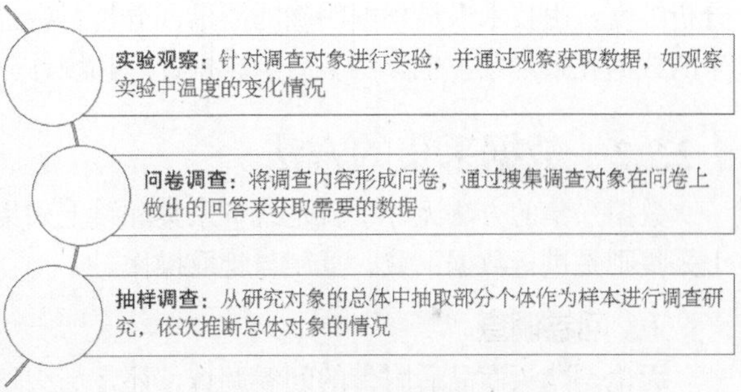

实验观察：针对调查对象进行实验，并通过观察获取数据，如观察实验中温度的变化情况

问卷调查：将调查内容形成问卷，通过搜集调查对象在问卷上做出的回答来获取需要的数据

抽样调查：从研究对象的总体中抽取部分个体作为样本进行调查研究，依次推断总体对象的情况

图 2-2 | 一手数据的获取方法

2. 二手数据

二手数据即他人通过调查或实验取得的数据，如从统计年鉴中获取的居民消费价格指数、从房地产管理部门数据库获取的房价数据等。

专家点拨

根据渠道的不同，数据的来源还有内部数据和外部数据之分。内部数据主要包括组织或个人在生产或生活中形成的各种数据；外部数据则是非组织或个人直接产生的数据。

2.2 数据采集的流程与方法

了解数据的类型和来源后，便可以更有针对性地执行数据采集的任务，采集到更符合需求的数据对象。下面重点介绍数据采集的流程与方法。

2.2.1   数据采集的流程

在采集数据之前，应该清楚需要采集什么样的数据和采集数据的目的，这样才能根据需求和分析对象开展数据采集工作，其基本流程如图 2-3 所示。

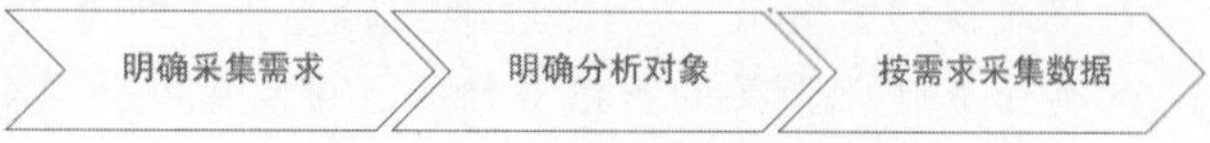

明确采集需求 ▷ 明确分析对象 ▷ 按需求采集数据

图 2-3｜数据采集的基本流程

1．明确采集需求

明确采集需求是确保数据采集更为有效的首要条件。例如，电商企业在进行商品营销时，关注的核心问题是如何提升商品销量，此时进行数据采集时，其需求就应当与提高销售额相关，因此可以重点采集访问量、导购率、转化率和客单价等指标。

2．明确分析对象

明确采集需求后，就可以进一步确定分析对象，同样以电商企业为例，分析对象是竞争对手还是整个行业和市场，是供应商还是客户，是竞争对手还是合作伙伴等，都直接影响数据采集的进行。例如，采集需求为提升商品销量，分析对象为竞争对手，则可以明确需要采集的数据指标包括竞争对手的销量、价格、商品评价等对象，将这些数据加以处理并通过后期数据分析，来达到调整自身营销策略，提升商品销量的目的。

3．按需求采集数据

明确分析对象后，接下来就可以开始数据的采集工作，例如，由数据专员整理出需求指标和分析维度，由技术人员根据明确的需求和分析目标进行数据采集，这样既避免了采集无用数据带来的数据冗余现象，也降低了后期数据处理和统计分析的难度。

2.2.2   数据采集的方法

数据采集的方法无外乎就是线下采集和线上采集之分，线下采集最常见的就是问卷调查，线上采集则是进行数据下载、复制与爬取操作。

1．问卷调查

无论是购买商品后附带的问卷调查，还是街头随机发放的问卷调查，问卷调查一直以来都是线下采集较为主流的一种方法。如何让受访对象接受问卷调查的任务，除了给予一定的现金或物质刺激外，安排问卷内容也是需要讲求方法的。具体可以参考以下几点建议。

（1）问卷内容不能过多，题目应当简洁明了，让受访对象感觉可以不用花费过多时间就能完成调查任务。

（2）问题设计应紧扣受访对象的行为、态度和基本信息等方面。一些敏感信息可以通过物质刺激的方式获取，如要求受访对象填写手机号码一栏，可以不用强制填写，但如果填写，会将优惠券以短信形式发送到手机上以供使用。

（3）问题的答案选项不能过多，一般应以多项式或等级式的方式显示，方便受访对象填写，如图 2-4 所示。

2．下载、复制与爬取

就线上采集而言，首先应充分利用线上平台现有的下载功能直接下载数据；如果平台不具备该功能，则我们可考虑通过复制粘贴的方式采集到需要的数据对象；如果复制操作也无法实现，则考虑使用各种数据爬取工具爬取数据。就目前而言，由于互联网科技的不断发展，大数据应用越来越广泛，因此线上采集数据的方式显得更加可行和高效。本章下一节内容便将重点讲解线上数据采集的各种操作。

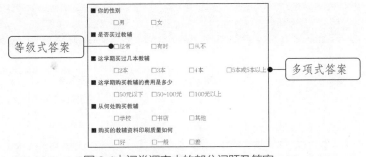

图 2-4｜问卷调查中的部分问题及答案

 ## 2.3　常用数据采集工具

　　线上采集数据往往需要借助一定的平台或工具，不同平台和工具的数据采集操作也有所不同，下面重点介绍几种常用数据采集工具的使用方法，包括生意参谋、京东商智、店侦探、八爪鱼采集器和火车采集器等。

2.3.1　生意参谋

　　生意参谋是阿里巴巴集团官方推出的数据分析工具，它致力于为淘宝、天猫等卖家提供精准实时的数据统计、多维数据分析和数据解决方案。卖家可以通过生意参谋了解店铺的经营情况，包括流量情况、访客数、销售情况及推广情况等，也可以分析商品交易、营销、物流、市场行情和竞争对手等数据。

1．基本功能概述

　　登录淘宝、天猫等阿里巴巴电商平台后，单击上方导航栏中的"千牛卖家中心"超链接，然后在显示的页面左侧单击"数据中心"栏中的"生意参谋"超链接，如图 2-5 所示，即可进入生意参谋数据分析与采集平台，单击该平台导航栏中的不同功能选项卡，则可进入到对应的功能板块。

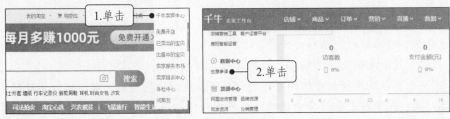

图 2-5｜生意参谋入口

　　下面介绍部分功能板块的作用。

　　● **首页**｜显示店铺的实时概况数据、销售数据、支付转化率数据、访客数数据、流量数据、推广数据、退款数据等全方位数据。通过首页板块就能了解店铺的大体经营情况，如图 2-6 所示。

　　● **实时**｜显示店铺当前的各种实时数据，包括访客数、浏览量、支付金额、支付子订单数、支付买家数，以及实时来源、实时榜单、实时访客等数据。

　　● **作战室**｜主要针对"双 11""双 12"等活动，显示与店铺活动相关的数据，如活动分析数据、对比数据、沉淀数据等，帮助卖家更好地利用活动销售商品。

　　● **流量**｜显示店铺的所有流量数据，包括访客数、下单转化率、下单买家数、下单金额、支付转化率、支付买家数等数据，如图 2-7 所示。

图 2-6 | 生意参谋的首页

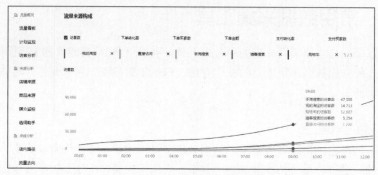

图 2-7 | 生意参谋的流量板块

- **品类**｜显示与店铺商品相关的数据，包括商品销售目标数据、商品访客数、商品浏览量、有访问商品数、商品平均停留时间、商品收藏人数等数据，并提供有销量预测、商品全方位分析、商品诊断、新品追踪、品类洞察等功能。

- **交易**｜显示店铺的交易数据，主要包括交易概况、交易构成和交易明细等方面的数据，如下单转化率、支付转化率、交易趋势、交易终端构成、交易类目构成，以及具体的交易订单明细数据。

- **服务**｜显示与店铺售前服务、售后服务相关的数据，如接待响应、咨询渠道、客服销售、绩效考核、售后维权、售后评价等。

- **营销**｜显示店铺使用营销工具后的营销数据。

- **市场**｜显示所在行业市场的整体数据，可以显示市场大盘、市场排行等数据，也可以执行商品搜索、人群搜索等搜索分析功能，还能分析行业客群的具体情况。图 2-8 所示为生意参谋的关键词分析界面。

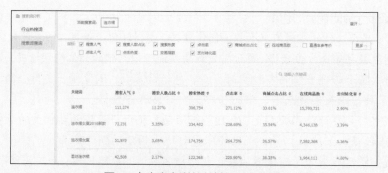

图 2-8 | 生意参谋的关键词分析界面

● **竞争** | 显示店铺添加的竞争对手的相关数据，包括竞店和竞品的流量数据、销售数据等，也可对竞争对手进行各种分析操作。

2. 数据采集方法

生意参谋中的数据可以通过复制粘贴的方式采集到 Excel 中，其操作非常简单，只需设置需要显示的数据内容，然后拖曳鼠标复制数据，然后在 Excel 中进行粘贴即可。例如，采集女装 2020 年 1 月的所有子行业交易数据，则可在生意参谋平台中单击"市场"选项卡，选择左侧的"市场大盘"选项，在界面上方选择行业，设置数据日期，完成后在下方的"行业构成"栏中拖曳鼠标复制各子行业的相关数据即可，如图 2-9 所示。

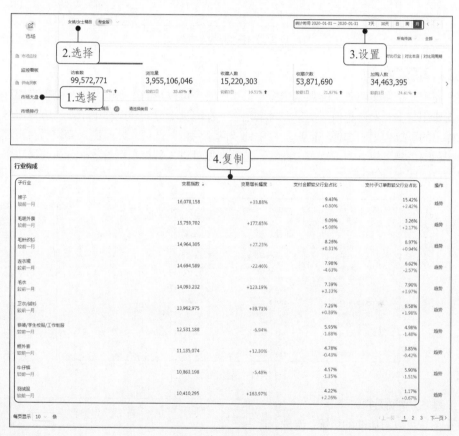

图 2-9 | 采集行业数据

专家点拨

在生意参谋中设置日期时，单击 7天 按钮表示统计近 7 天的数据；单击 30天 按钮表示统计近 30 天的数据；单击 日 按钮表示统计昨日的数据，将鼠标指针停留在 日 按钮上，可在弹出的下拉列表中选择指定的日期。另外，周 按钮和 月 按钮的用法与 日 按钮相似，可以指定相应的周和月份。

复制数据后，打开 Excel 2016，将复制的数据粘贴到工作表中并适当整理即可，如图 2-10 所示。

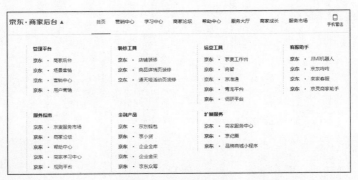

图 2-10 | 粘贴数据

2.3.2　京东商智

京东商智是京东集团研发的数据分析与采集工具，可以帮助京东电商平台的卖家更好地经营店铺，其作用与生意参谋相似。卖家登录京东后，在网页上方的导航栏中单击"客户服务"超链接，在弹出的下拉列表中选择"商户"栏中的"商家后台"选项，即可进入商家后台页面，在其中选择"运营工具"栏下的"京东·商智"选项，便可进入到京东商智数据分析与采集平台，京东商智入口如图 2-11 所示。

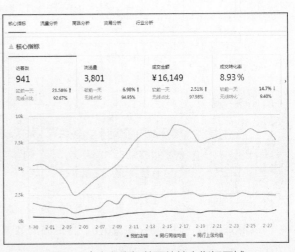

图 2-11 | 京东商智入口

1. 基本功能概述

京东商智可以对店铺的概况、流量、商品、交易、服务、供应链和客户等数据进行全方位分析。

● **概览** 进入到京东商智后，默认显示的就是店铺首页的数据，在其中可以全面查看店铺的数据，包括当前实时成交金额、访客数和成交转化率和其他核心指标的数据，以及流量、商品和交易等数据的情况，如图 2-12 所示。

● **实时** 选择京东商智上方导航栏中的"实时"板块，可以利用"实时总览""实时大屏""实时监控"和"活动分析"

图 2-12 | 京东商智首页的核心指标区域

等功能对店铺各方面的实时数据进行查看和分析，如交易实时数据、访客实时数据等。

- **流量**｜选择导航栏中的“流量”板块，可以系统地查看店铺各渠道的流量来源，包括各渠道的访客数、浏览量、跳失率、人均浏览量、平均停留时长、新老访客数、下单转化率等。另外，也可以查看店铺内外的搜索关键词数据，包括关键词的访客数、访客数增幅、人均浏览量、成交客户数、成交商品件数、成交金额、成交转化率等，如图 2-13 所示。

注:本榜单展示统计时间内，引入访客数最高的前 300 个关键词。

下载数据

搜索关键词	访客数	访客数增幅	人均浏览量	成交客户数	成交商品件数	成交金额	成交转化率
煎药壶	29	52.63%	3.52	2	2	¥368.00	6.90%
中药锅 煎药壶	24	-4.00%	3.42	3	3	¥456.00	12.50%
养生壶	22	10.00%	1.50	0	0	¥0.00	0.00%
煎中药	16	33.33%	4.88	12	12	¥1,908.00	75.00%
熬药砂锅	11	-21.43%	1.36	0	0	¥0.00	0.00%
煲药锅 中药 全...	11	0.00%	8.18	1	1	¥159.00	9.09%
药锅	9	800.00%	2.44	2	2	¥486.00	22.22%
砂锅 煲汤	9	50.00%	1.00	0	0	¥0.00	0.00%
电砂锅	8	60.00%	2.25	1	1	¥228.00	12.50%

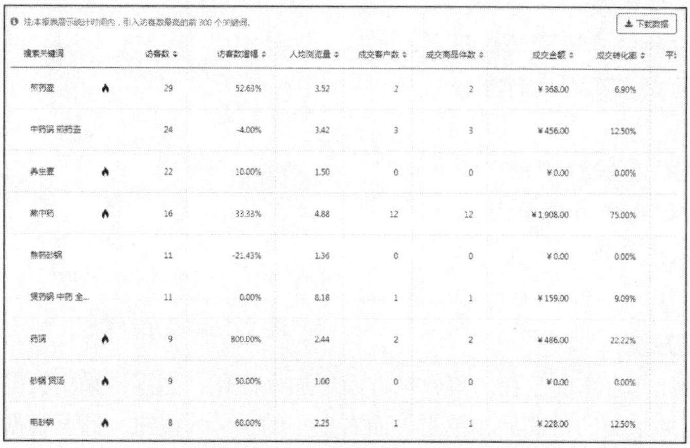

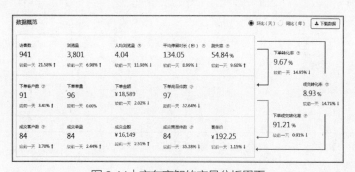

图 2-13｜京东商智的搜索关键词分析界面

- **商品**｜选择导航栏中的“商品”选项，可以对店铺中所有商品的核心指标数据和商品排行进行查看与分析，其中，核心指标包括商品的被访问数、访客数、浏览量、关注数、加购客户数、成交金额等。
- **交易**｜选择导航栏中的“交易”选项，可以查看店铺的交易概况、趋势、特征和订单明细等数据。图 2-14 所示为京东商智的交易分析界面，显示了从访客、到下单、再到成交的情况。

图 2-14｜京东商智的交易分析界面

- **服务**｜选择导航栏中的“服务”选项，可以通过“服务分析”“店铺评分”“评价分析”等功能对店铺的服务数据进行全方位解析，包括退货率、换货量、返修量、退款金额、退货率、商品质量、服务态度、物流速度、商品描述、退换货处理、评价数、好评数、中评数、差评数等。
- **供应链**｜选择导航栏中的“供应链”选项，可以对店铺的商品库存和商品配送数据进行查看和分析，包括实际库存数量、可用库存数量、库存金额、发货量、接单量、妥投量、破损量、拒收率、履约率、配送成功率、平均配送时长等核心指标的数据。

● **客户** | 选择导航栏中的"客户"选项，可以对店铺的成交客户和潜在客户数据进行分析，如店铺新老客户的占比、客单量、客单件、客单价、人均浏览量、人均浏览时长等指标。

● **行业** | 选择导航栏中的"行业"选项，可以对店铺所经营行业的市场大盘、关键词、品牌、商品、客户等进行全方位系统的展示与分析，类似于生意参谋中的"市场"功能板块。图 2-15 所示为京东商智的行业分析界面。

● **竞争** | 选择导航栏中的"竞争"选项，可以对行业中的竞店情况、竞品情况、竞争流失情况进行查看与分析。

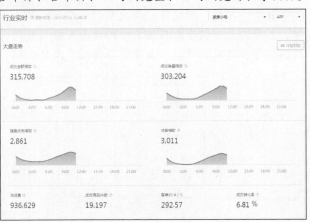

图 2-15 | 京东商智的行业分析界面

2. 数据采集方法

与生意参谋相比，京东商智在采集数据方面更加人性化，当需要采集数据时，只需在相应的功能板块中设置需要采集的日期后，单击界面右上角的 下载数据 按钮，即可根据向导提示将数据保存下来，如图 2-16 所示。

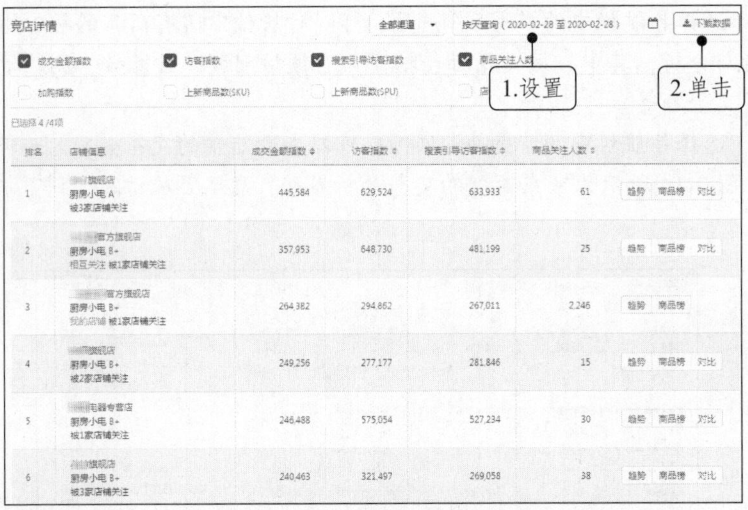

图 2-16 | 通过下载方式采集数据

2.3.3 店侦探

店侦探为天恒科技开发的一款线上数据分析平台，可以分析竞店、竞品的销售数据，分析关键词带来的销量数据等，对电商分析竞争对手有很大帮助。使用该工具需要登录该平台，然后注册并购买其数据分析功能即可。

1. 基本功能概述

店侦探的主要功能包括监控中心、监控分析和关键词分析等。

● **监控中心** | 此功能主要用于添加并管理监控的店铺和商品。例如，要添加监控店铺时，首先需要注册并登录店侦探网站，单击左侧导航栏中的"监控中心"功能下的"店铺管理"

超链接，然后单击右侧的 [添加监控店铺] 按钮，此时将打开添加监控店铺的对话框，在其中的文本框中输入或复制竞争店铺的某一款商品的网址，然后依次单击 [预览店铺] 和 [添加监控] 按钮即可添加该竞店，如图 2-17 所示。

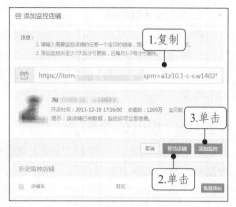

图 2-17 | 添加监控店铺

专家点拨

如果要添加竞品，则必须先添加该竞品所在的竞店，然后单击左侧导航栏中的"监控中心"功能下的"重点监控宝贝"超链接，并单击 [添加宝贝] 按钮，在打开的对话框中输入或复制竞品网址，然后添加即可。

● **监控店铺分析** | 单击店侦探左侧导航栏中的"监控店铺分析"功能，在展开的目录中即可分析竞店的各种数据，包括竞店整体状况分析、销售分析、流量来源分析、活动分析、宝贝分析等。使用方法为：单击某个分析超链接，展开其下的子目录，然后单击对应的超链接即可。图 2-18 所示即为单击整店状况分析功能下的"DSR 走势"超链接后，显示的竞店 DSR（即淘宝中的卖家服务评级系统）评分数据。

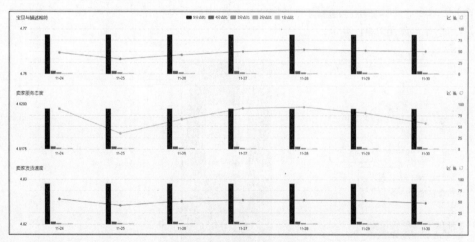

图 2-18 | 竞店 DSR 评分数据

● **关键词分析** | 单击店侦探顶部导航栏中的"全网展示词"超链接，在显示的页面中输入需要分析的关键词，如"新款"，单击"搜索"按钮 🔍 即可显示淘宝和天猫的关键词综合搜索排名情况，如图 2-19 所示。

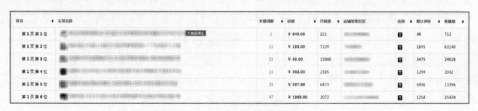

图 2-19 | 关键词综合搜索、排名情况

2. 数据采集方法

在店侦探中，可以利用 [导出数据] 按钮或 [导出] 按钮将当前界面中的数据采集到计算机中，方法为：单击 [导出数据] 按钮或 [导出] 按钮，自动启动已有的下载软件，设置文件下载后的保存名称和保存位置即可。采集到的数据将保存在 Excel 表格中，需要时我们便可打开该表格进行处理和分析。

▎2.3.4 八爪鱼采集器

八爪鱼采集器是一款网页数据采集软件，具有使用简单、功能强大等特点。使用八爪鱼采集数据时，其过程涉及新建任务、指定元素、采集数据、保存数据等步骤，下面通过模板采集、自动识别和手动采集等采集模式，详细介绍八爪鱼采集器的使用方法。

1. 模板采集

八爪鱼采集器内置了大量的采集模板，模板中已经设置好采集任务和采集内容，启用模板就能快速完成数据采集工作。

【实验室】采集京东商品搜索数据

采集京东商品搜索
数据

下面以京东的"商品搜索"模板为例，介绍模板采集的实现方法，其具体操作如下所示。

（1）在八爪鱼采集器的官方网站上下载该工具，将其安装到计算机上并启动，输入注册的账号和密码，单击 [登录] 按钮，如图 2-20 所示。

（2）登录后，单击左侧的 [+ 新建] 下拉按钮，在弹出的下拉列表中选择"模板任务"选项，如图 2-21 所示。

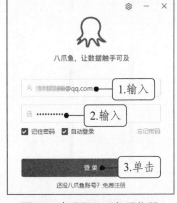

图 2-20 | 登录八爪鱼采集器

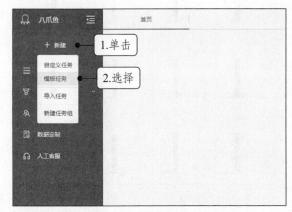

图 2-21 | 新建模板任务

（3）在显示的界面中选择京东对应的模板缩略图，如图 2-22 所示。

（4）此时将显示所有京东采集模板，单击商品搜索对应的缩略图，如图 2-23 所示。

（5）打开显示所选模板详情的页面，单击相应的选项卡，可以了解模板的介绍、采集自断、采集参数和示例数据，确认无误后可单击 [立即使用] 按钮，如图 2-24 所示。

（6）设置此次采集的任务名、任务组，并配置模板参数，这里在"任务名"文本框中输入"跑步鞋数据采集"，在"搜索关键词"文本框中输入"跑步鞋"，在"采集页数设置"文本框中输入"5"，完成后单击左下角的 [保存并启动] 按钮，如图 2-25 所示。

图 2-22 | 选择网站模板

图 2-23 | 选择采集模板

图 2-24 | 所选模板详情

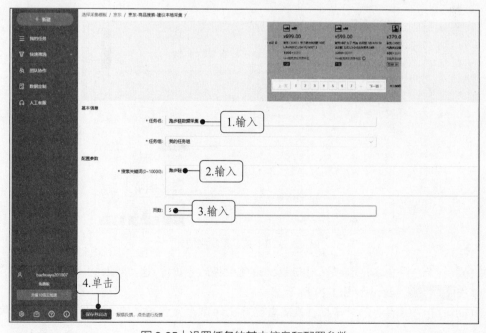

图 2-25 | 设置任务的基本信息和配置参数

专家点拨

设置搜索关键词时，可以按每行一个关键词的方式输入多个关键词，换行时按【Enter】键，如上述案例中可以设置"跑步鞋、轻便、透气"等关键词，每个关键词独占一行。

（7）打开"运行任务"对话框，其中包含了多种采集方式，这里单击 启动本地采集 按钮执行本地采集操作，如图 2-26 所示。

（8）八爪鱼采集器开始根据模板设置的内容采集指定的数据，并同步显示采集过程，如图 2-27 所示。

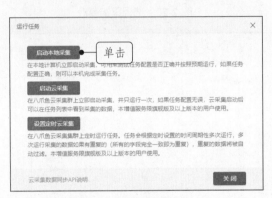

图 2-26 ｜ 选择采集方式　　　　　图 2-27 ｜ 显示采集过程

（9）当完成采集工作后，八爪鱼采集器将自动打开"采集完成"对话框，此时我们可直接导出采集的数据，单击 导出数据 按钮即可，如图 2-28 所示。

图 2-28 ｜ 数据采集完成

（10）打开"导出本地数据"对话框，设置数据的导出方式，这里选中"Excel(xlsx)"选项，单击 确定 按钮，如图 2-29 所示。

（11）打开"另存为"对话框，设置数据导出的保存位置和文件名称，单击 保存(S) 按钮，如图 2-30 所示。

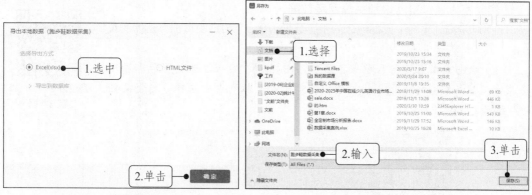

图 2-29｜选择导出方式　　　　　　　图 2-30｜设置保存位置和名称

（12）此时八爪鱼采集器将显示数据的导出进度，当出现导出完成的提示后，可单击 打开文件 按钮，如图 2-31 所示。

图 2-31｜导出数据

（13）此时将打开 Excel 软件，并显示采集到的数据内容，如图 2-32 所示。

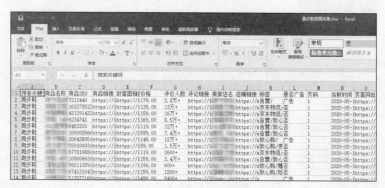

图 2-32｜采集到的数据

2. 自动识别

当八爪鱼采集器内置的模板无法满足采集需求时，则可以通过自定义采集的方式进行数据采集。采取这种方式时，八爪鱼采集器会根据网页的内容进行自动识别，这一特性极大地简化了自定义采集数据的工作。

【实验室】通过自动识别采集租房数据

下面以采集赶集网中成都地区的租房数据为例，介绍自动识别方式的实现方法，其具体操作如下所示。

通过自动识别采集
租房数据

（1）双击桌面上的八爪鱼采集器启动图标，输入注册的账号和密码登录后，单击左侧的 + 新建 下拉按钮，在弹出的下拉列表中选择"自定义任务"选项，如图 2-33 所示。

图 2-33｜自定义采集任务

（2）打开新建任务的界面，在"网址"文本框中复制浏览器中赶集网成都地区租房信息的网址，然后单击 保存设置 按钮，如图 2-34 所示。

图 2-34｜新建任务

（3）此时八爪鱼采集器将访问该网页，开始自动识别网页数据，并显示识别进度，如图 2-35 所示。

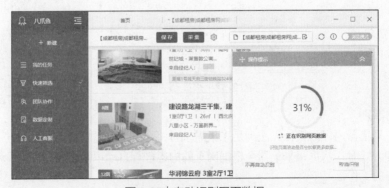

图 2-35｜自动识别网页数据

（4）识别完成后，界面下方将显示要采集的字段和数据，在"操作提示"面板中可根据需要选中相应复选框并做相应修改，如这里单击"采集前滚动页面加载更多数据"复选框右侧的"修改"超链接，如图 2-36 所示。

图 2-36 | 完成识别

专家点拨

目前大多数网页中的内容，都会通过滚动鼠标滚轮来显示其余的内容，因此采集这类网页时，应当在自动识别数据后选中"采集前滚动页面加载更多数据"复选框。

（5）在面板中可重新设置滚动方式、滚动次数和每次间隔时间，完成后单击 确定 按钮，如图 2-37 所示。

图 2-37 | 页面滚动设置

（6）如果需要采集多个页面，则可选中"翻页并采集多页数据"复选框，并单击右侧的"查看"超链接，查看翻页按钮是否识别正确，如图 2-38 所示。

（7）如果八爪鱼采集器识别到无用的字段，则可将鼠标指针移至该字段的名称上，单击出现的"删除"图标 🗑 将该字段删除，如图 2-39 所示。

（8）如果需要重新设置字段名称，则可将鼠标指针移至该字段的名称上，单击出现的"编辑"图标 ✐，重新输入需要的内容，如图 2-40 所示。

图 2-38 | 设置翻页采集数据

图 2-39 | 删除字段

图 2-40 | 修改字段名称

（9）修改完字段名称后，如果发现所采集的数据中有无用的，则可单击该数据对应的"删除"图标 🗑 将其删除，这里采集到的第 1 条数据为广告，缺失了许多字段，因此需要将其删除，如图 2-41 所示。

图 2-41 | 删除数据

（10）如果需要调整字段的排列顺序，则可将鼠标指针移至该字段的名称上，拖曳左侧的"位置"图标 ⠿ ，这里重新调整"面积"字段和"装修程度"字段的排列位置，如图 2-42 所示。

#	标题	面积	户型	区域	地址	装修程度	每月租金	删除
1	昊园简单装修，拎包...	82㎡	3室2厅1卫	西河	昊园江南富品...	毛坯	700	
2	府青路地铁站，精装...	14㎡	1室1厅1卫	青龙场	沙河新居...		500	
3	房东急租！0！创想大...	48㎡	1室1厅1卫	斑竹园	创想大厦...	精装修	650	
4	精装标准春一九峰东...	50㎡	1室1厅1卫	西河	九峰东方明珠...	精装修	850	
5	无中介，百草路地铁...	23㎡	1室1厅1卫	百草路	晨风社区...	精装修	700	
6	惊喜！！龙泉驿区十...	50㎡	2室1厅1卫	十段	华川小区...	精装修	760	
7	龙泉西河镇精装春一...	45㎡	1室1厅1卫	十段	梨园新居...	精装修	750	
8	龙泉驿地铁站古驿新...	90㎡	3室1厅1卫	商业片区	古驿新村...	精装修	850	
9	青一原地铁站真的日...	14㎡	1室1厅1卫	锦江周边	广兴街...	精装修	600	

拖曳

图 2-42｜调整字段排列顺序

（11）完成采集字段的修改和调整后，可单击"操作提示"面板中的 `生成采集设置` 按钮，如图 2-43 所示。

（12）此时八爪鱼采集器会生成采集设置，继续单击"操作提示"面板中的"保存并开始采集"超链接，如图 2-44 所示。

图 2-43｜生成采集设置

图 2-44｜开始采集数据

（13）打开"运行任务"对话框，单击 `启动本地采集` 按钮执行本地采集操作，如图 2-45 所示。

（14）八爪鱼开始根据设置的内容采集指定的数据，并同步显示采集过程，若不需要采集所有的数据，则可在采集过程中，单击 `停止采集` 按钮，如图 2-46 所示。

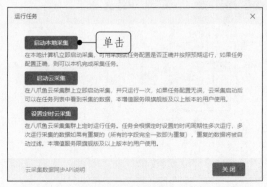

图 2-45｜本地采集

图 2-46｜停止采集

（15）打开提示对话框，提示是否停止采集，单击 是 按钮，如图 2-47 所示。

图 2-47 | 确认停止采集数据

（16）打开提示对话框，提示采集已经停止，并显示当前已经采集到的数据，单击 导出数据 按钮准备将数据导出，如图 2-48 所示。

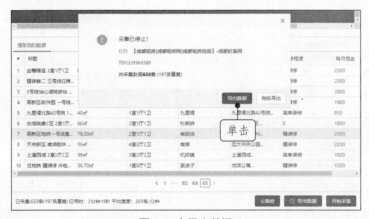

图 2-48 | 导出数据

（17）打开提示对话框，提示采集的数据中包含重复数据，单击 去重数据 按钮将重复数据去掉，如图 2-49 所示。

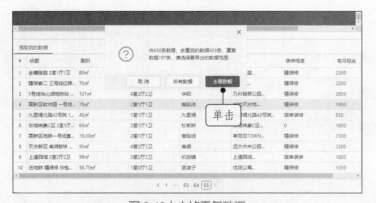

图 2-49 | 去掉重复数据

（18）打开"导出本地数据"对话框，设置数据的导出方式，这里选中"Excel(xlsx)"单选项，单击 **确定** 按钮，如图 2-50 所示。

（19）打开"另存为"对话框，设置数据导出的保存位置和文件名称，单击 **保存(S)** 按钮，如图 2-51 所示。

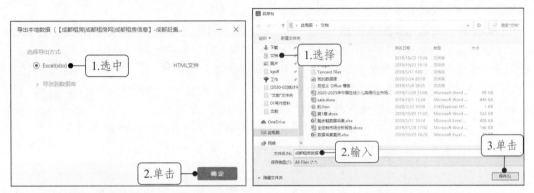

图 2-50 | 选择导出方式   图 2-51 | 设置保存位置和名称

（20）导出完成后可单击 **打开文件 …** 按钮打开 Excel 表格，其中将显示采集到的租房数据，如图 2-52 所示。

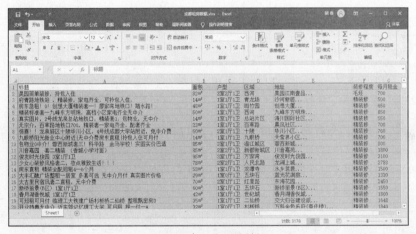

图 2-52 | 采集到的数据

3. 手动采集

如果需要采集数据的网页既没有模板，也无法识别，则可以通过手动采集的方式采集数据。其方法为：新建采集任务，取消自动识别数据的状态，手动采集需要的各个字段，设置字段名称和位置，然后采集数据并导出到 Excel 中即可，其流程如图 2-53 所示。

图 2-53 | 手动采集数据的流程

▍2.3.5 火车采集器

火车采集器是一款专业的互联网数据抓取、处理、分析和挖掘软件，它可以灵活迅速地抓取网页上散乱分布的数据信息，并通过一系列的分析处理，准确挖掘出所需数据。下面重点介绍使用火车采集器进行普通网址采集和批量网址采集的方法。

1. 普通网址采集

普通网址采集方式可以采集网页中指定的各种数据对象，设置时需要充分观察网页元素的代码规律，从而准确设置采集规则，实现数据的采集与发布操作。

【实验室】采集豆瓣图书数据

下面以采集豆瓣散文类图书中的书名、评分和评论人数等数据为例，介绍使用火车采集器进行普通网址采集的方法，其具体操作如下所示。

（1）在火车采集器的官方网站上下载该工具，将其安装到计算机上并启动，输入注册的账号和密码，单击 登录 按钮，如图 2-54 所示。

采集豆瓣图书数据

（2）登录火车采集器后，单击左侧"任务列表树"窗格中的"新建任务"按钮，或单击工具栏中的"新建任务"按钮，如图 2-55 所示。

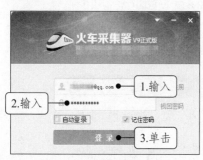

图 2-54 | 登录火车采集器

图 2-55 | 新建任务

（3）打开"新建任务规则"对话框，在"起始网址"文本框中复制浏览器中需要采集的网页地址，如图 2-56 所示。

（4）切换到浏览器中，在需要采集的书名上单击鼠标右键，在弹出的快捷菜单中选择"审查元素"命令，如图 2-57 所示。

图 2-56 | 复制网址

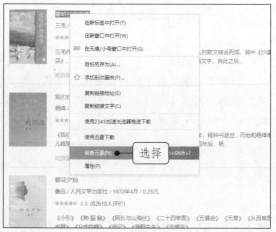

图 2-57 | 审查元素

专家点拨

本例使用的浏览器为 2345 加速浏览器，这类浏览器允许查看网页元素的代码内容。另外，360 浏览器、搜狗浏览器等均具备此功能。

（5）打开代码窗格，所选元素对应的代码将以蓝底显示，查看该书名对应的链接，如图 2-58 所示。

（6）按相同方法查看下一本书名代码对应的链接，所选元素对应的代码将以蓝底显示，查看该书名对应的链接，可见需要采集的书名对应的链接都包含有"subject"一词，如图 2-59 所示。

图 2-58 | 查看代码

图 2-59 | 继续查看代码

（7）返回到火车采集器，在"新建任务规则"对话框的"链接过滤"栏右侧的列表框中输入"subject"，表示采集的链接必须包含该单词，单击 网址采集测试 按钮测试添加条件后的采集情况，如图 2-60 所示。

（8）在对话框中展开采集的网址，发现所有网址中都包含有"subject"一词，如图 2-61 所示，但也采集了其他无用的网址，观察发现这类网址都包含有"buylinks"或"channel"等词语，需要进一步将这些词语过滤，单击 返回 按钮。

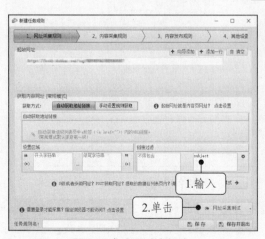

图 2-60 | 设置过滤条件

图 2-61 | 采集测试

（9）在"新建任务规则"对话框的"链接过滤"栏的列表框中输入"buylinks"，按【Enter】键继续输入"channel"，表示采集的链接不得包含这些单词，单击 网址采集测试 按钮再次测试采集情况，如图2-62所示。

（10）展开"列表页"网址，如图2-63所示，此时采集的所有网址便符合需求了，单击 ＜ 返回 按钮。

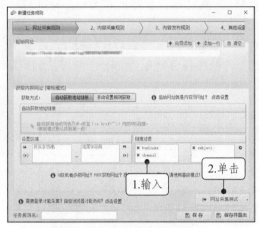

图2-62｜继续设置过滤条件

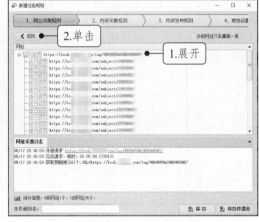

图2-63｜再次测试

（11）在"新建任务规则"对话框中单击"2、内容采集规则"选项卡，选择"标签列表"列表框中的"标题"选项，单击"编辑"按钮✎，重新将名称修改为"书名"，如图2-64所示。

（12）继续选择"标签列表"列表框中的"内容"选项，单击"编辑"按钮✎，重新将名称修改为"评分"，如图2-65所示。

（13）单击"添加"按钮➕，新建标签，将名称设置为"评论人数"，完成本次采集任务中采集字段的设置，如图2-66所示。

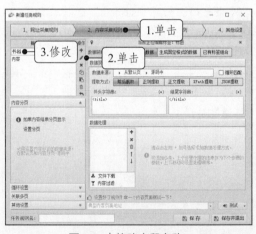

图2-64｜修改字段名称

图2-65｜继续修改字段名称

（14）在浏览器中单击第1本书的书名，进入该图书的详情页面，然后在页面的书名上单击鼠标右键，在弹出的快捷菜单中选择"审查元素"命令，在代码窗格中蓝底代码上单击鼠标右键，在弹出的快捷菜单中选择【Copy】→【Copy element】命令，复制该行代码，如图2-67所示。

图 2-66 | 添加字段　　　　　　图 2-67 | 复制代码

（15）在"新建任务规则"对话框中重新选择修改后的"书名"字段选项，默认提取方式为"前后截取"，在"开头字符串"文本框中粘贴复制的代码，如图 2-68 所示。

（16）利用粘贴的代码将书名字段前后的代码分别调整到"开头字符串"文本框和"结尾字符串"文本框中，表示只要字段的前后字符串符合设置的内容，便会采集其中的书名，如图 2-69 所示。

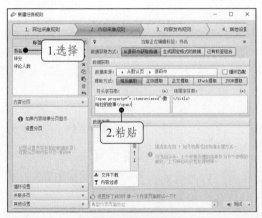
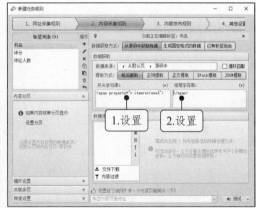

图 2-68 | 粘贴代码　　　　　　图 2-69 | 设置前后字符串

（17）在浏览器中当前图书详情页的评分元素上单击鼠标右键，在弹出的快捷菜单中选择"审查元素"命令，复制代码窗格中蓝底显示的代码对象。返回"新建任务规则"对话框，选择"评分"字段选项，按相同方法设置其前后字符串，如图 2-70 所示。

（18）继续设置"评论人数"字段的前后代码，完成后重新在浏览器中进入其他任意图书的详情页面，将该页面网址复制到"新建任务规则"对话框下方的下拉列表框中，单击 测试 按钮测试是否能采集到正确的字段，如图 2-71 所示。

（19）在显示的界面中将显示采集结果，可见字段采集设置成功，如图 2-72 所示。这里选择测试其他图书，可以进一步确认内容采集规则是否正确。

（20）在"新建任务规则"对话框中单击"3、内容发布规则"选项卡，选择左侧的"保存为本地文件"选项，启用本地文件保存功能，将保存格式设置为"Txt"，保存方式设置为"所有记录存一个文件中"，单击"查看默认模板"超链接，如图 2-73 所示。

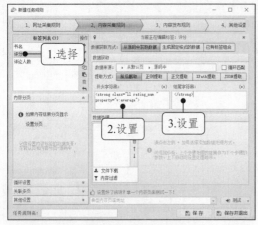

图 2-70 │ 设置代码

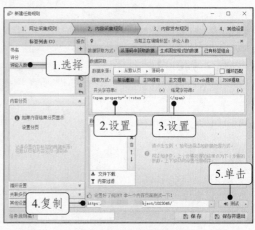

图 2-71 │ 继续设置代码

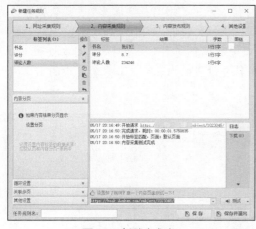

图 2-72 │ 测试成功

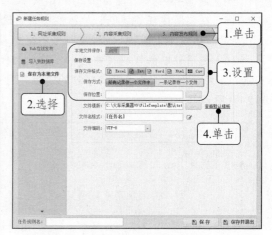

图 2-73 │ 设置保存参数

（21）在打开的文件夹窗口中双击"默认 txt 模板.txt"文件，如图 2-74 所示。

（22）打开该文本文件，在其中按设置的字段名称调整内容，各标签之间按【Tab】键隔开，文末按【Enter】键换行，如图 2-75 所示，然后保存并关闭文件窗口。

图 2-74 │ 打开文本文件模板

图 2-75 │ 设置模板内容

（23）返回"新建任务规则"对话框，单击"文件模板"文本框右侧的"浏览"按钮 ，打开"浏览文件夹"对话框，设置数据导出后文件的保存位置，这里选择"桌面"，单击 确定 按钮，如图 2-76 所示。

（24）在对话框左下角的"任务规则名"文本框中输入采集任务的名称，这里输入"dbsw"，单击 保存并退出 按钮，完成采集任务的设置，如图 2-77 所示。

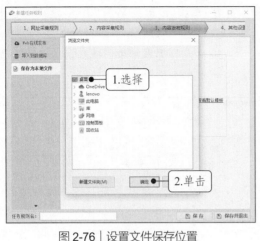

图 2-76 | 设置文件保存位置

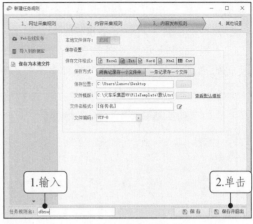

图 2-77 | 保存采集任务

（25）此时所创建的任务将显示在"任务列表树"窗格中，选中该任务对应的"发布"复选框，单击工具栏中的"开始"按钮 ▶，开始采集操作，如图 2-78 所示。

（26）完成后在桌面上找到保存的文件，双击打开即可看到采集到的数据，如图 2-79 所示。

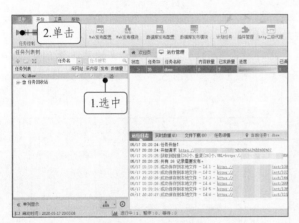

图 2-78 | 开始采集数据

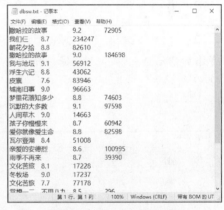

图 2-79 | 查看采集到的数据

2. 批量网址采集

火车采集器可以通过批量网址采集的方式，实现翻页数据采集的目的。例如，上例中采集的只是豆瓣散文类图书中第 1 页的相关数据，如果需要采集散文类图书前 5 页的数据时，就可以执行批量网址采集操作。

总体而言，批量网址采集的整个采集设置过程与普通网址采集非常相似，不同之处只在于需要设置多个网址。假设在上例基础上，还需要采集第 2～5 页的散文类图书数据，首先就需要依次单击浏览器中第 2 页、第 3 页、第 4 页的链接按钮，查看对应的页面网址分别为 "https://book.×××.com/tag/×××××××××××××=20&type=T""https://book.×××.com/tag/×××××××××××××=40&type=T" 和 "https://book.×××.com/tag/×××××××××××××=60&type=T"，找出这些网址的规律为 "https://book.×××.com/tag/×××××××××××××=[变量]0&type=T"，网址只有变量处发生了变化，据此便可进行批量网址采集设置，其具体操作如下所示。

（1）双击火车采集器操作界面中"任务列表树"窗格中创建的"dbsw"

批量网址采集

任务选项，在打开的对话框中单击 ➕ 向导添加 按钮，打开"起始网址添加向导"对话框，单击"批量网址"选项卡，如图2-80所示。

（2）将豆瓣散文类图书第2页的网址复制到"地址格式"文本框中，选择该地址中会发生变化的内容，单击右侧的"[地址参数]"超链接，如图2-81所示。

图2-80｜批量网址设置向导

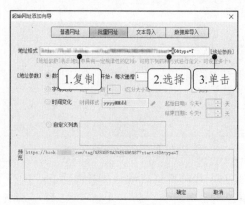

图2-81｜复制网址

（3）在"[地址参数]"栏中设置参数变化规则，这里设置为数字变化，从"2"开始，每次递增"2"，共"4"项，单击 确定 按钮，如图2-82所示。

（4）返回"编辑任务：dbsw"对话框，此时所采集的网址便包含原有的第1页网址，和批量添加的第2～5页网址，保存并关闭任务后即可重新采集前5页豆瓣散文类图书数据，如图2-83所示。

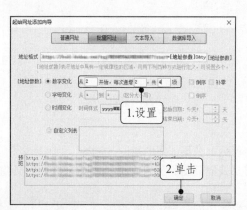

图2-82｜设置参数变化规则

图2-83｜保存任务

2.4　课堂实训——使用八爪鱼采集招聘数据

对于可以直接下载或复制的数据，采集工作是很简单的。从某种角度来看，真正意义上涉及数据采集的，往往都会借助八爪鱼、火车等采集器来完成操作。掌握了采集器的使用方法，便可以采集网页中的各种数据。本章课堂实训将利用八爪鱼采集器手动采集数据的操作，让学生通过练习进一步巩固该采集器的使用方法。

2.4.1 实训目标及思路

本次实训将在 BOSS 直聘网站中采集与"室内设计师"相关的招聘信息，需要采集到公司名称、成立时间、法人代表、招聘职位、月薪等数据。采集时将涉及详情页内容的采集，具体操作思路如图 2-84 所示。

图 2-84 | 数据采集操作思路

2.4.2 操作方法

本实训的具体操作如下所示。

（1）在浏览器中访问 BOSS 直聘官网，在"职位类型"文本框中输入"室内设计师"，按【Enter】键得到搜索结果，将此时地址栏中的网址复制下来，如图 2-85 所示。

使用八爪鱼采集
招聘数据

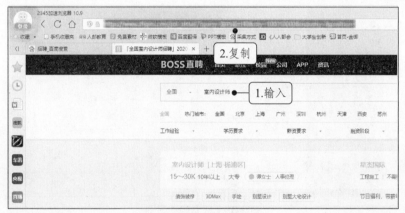

图 2-85 | 复制网址

（2）登录八爪鱼采集器，单击左侧的 +新建 下拉按钮，在弹出的下拉列表中选择"自定义任务"选项，如图 2-86 所示。

图 2-86 | 新建任务

（3）打开新建任务的界面，在"网址"文本框中单击鼠标，然后按【Ctrl+V】组合键粘贴复制的网址，并单击 保存设置 按钮，如图 2-87 所示。

图 2-87 | 建立任务

（4）八爪鱼采集器自带的浏览器功能将登录指定的网站，并开始自动识别网页元素，单击 取消识别 按钮取消自动识别操作，如图 2-88 所示。

图 2-88 | 取消自动识别

（5）选择第 1 条记录中的"室内设计师"超链接，单击"操作提示"面板中的"选中全部"超链接，表示选中当前页面中所有同类的对象，如图 2-89 所示。

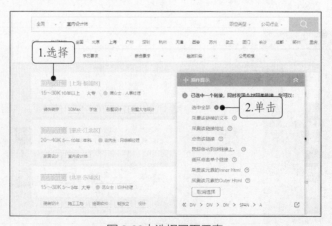

图 2-89 | 选择网页元素

（6）继续在"操作提示"面板中单击"循环点击每个链接"超链接，表示将依次点击当前页面中的所有同类元素，实现循环采集，如图 2-90 所示。

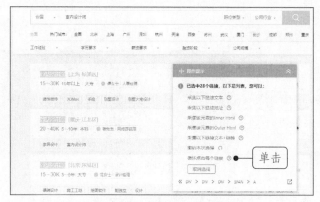

图 2-90 │ 创建循环采集规则

（7）八爪鱼采集器将自动进入第 1 条招聘信息的详情页，取消其自动识别操作后，需要依次单击公司名称、成立时间、法人代表、招聘职位和月薪等元素，然后单击"操作提示"面板中的"采集数据"超链接，如图 2-91 所示。

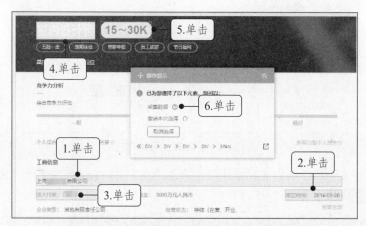

图 2-91 │ 采集网页元素

（8）通过八爪鱼采集器的流程图可以观察本次采集任务的过程，这里单击"全部字段"选项卡，准备对字段名称进行设置，如图 2-92 所示。

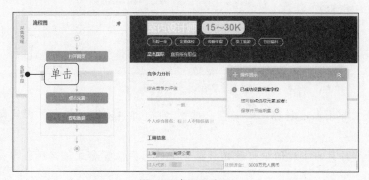

图 2-92 │ 设置字段

（9）在"采集字段"列表框中将字段名称分别修改为"公司名称""成立时间""法人代表""招聘职位"和"月薪"，然后单击上方的 采集 按钮，如图2-93所示。

图2-93 | 修改字段名称

（10）打开"运行任务"对话框，单击 启动本地采集 按钮开始采集数据，如图2-94所示。

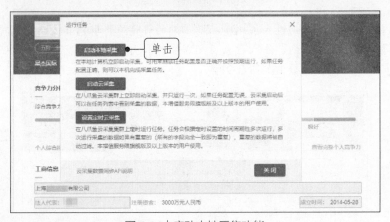

图2-94 | 启动本地采集功能

（11）八爪鱼采集器开始采集数据并显示采集进度，完成后系统将打开"采集完成"对话框，单击 导出数据 按钮，如图2-95所示。

图2-95 | 采集完成

（12）打开"导出本地数据"对话框，选中"Excel(xlsx)"单选项，单击 确定 按钮，如图2-96所示。

（13）打开"另存为"对话框，设置数据导出的保存位置和文件名称，单击 保存(S) 按钮，如图2-97所示。

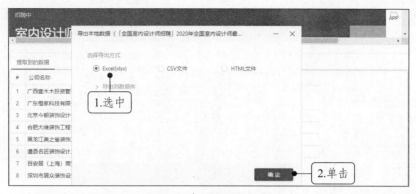

图 2-96 | 设置导出方式

图 2-97 | 设置保存位置和名称

（14）八爪鱼采集器将显示数据的导出进度，当出现导出完成的提示后，单击 打开文件 按钮，如图 2-98 所示。

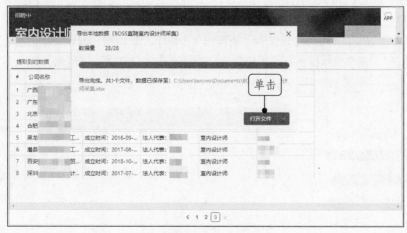

图 2-98 | 数据导出完成

（15）此时将启动 Excel 并打开相应的文件，其中将显示采集到的招聘数据，如图 2-99所示。

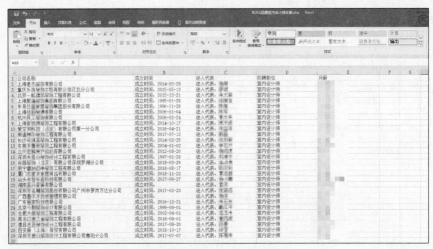

图 2-99｜采集到的招聘数据

 # 2.5　课后练习

（1）按数据的表现形式分类，数据可分为哪几种类型？

（2）实际表现为"类别"，但各类别之间是有序的，这种数据类型是什么？

（3）按数据性质分类，能进行加减运算，但不能进行乘除运算的是哪种数据？

（4）简述获取一手数据的常见方法。

（5）简要说明数据采集的基本流程。

（6）设计问卷调查时应注意哪些问题？

（7）说明生意参谋和京东商智具有哪些基本功能，采集这两种平台上的数据时，操作有什么不同？

（8）试利用火车采集器采集豆瓣电影影评中的前 5 页影评标题和影评人。

（9）如果需要采集 BOSS 直聘网站中室内设计师搜索列表页的前 5 页中的招聘公司、法人代表、招聘职位和月薪的数据，应该如何利用八爪鱼采集器进行手动采集。

（提示：在课堂实训的基础上，选择"流程图"窗格中创建的循环列表对象，然后选择页面中对应的翻页按钮，在"操作提示"面板中单击"循环点击单个链接"超链接，如图 2-100 所示。）

图 2-100｜设置循环页面采集

第**3**章

数据处理

【学习目标】

➢ 掌握缺失值、错误值和逻辑错误的修复方法
➢ 掌握数据格式的统一设置
➢ 掌握重复数据的清理方法
➢ 了解数据分列和行列转换的设置
➢ 掌握数据的排序与筛选方法
➢ 熟悉数据的提取与汇总操作

数据采集，特别是线上采集，在提高了采集效率的同时，会附带各种数据的质量问题，如缺失数据、错误数据等。因此在采集后，应该对数据内容进行检查和整理，一方面通过清洗操作去掉错误内容，提高数据质量；另一方面可以进行数据加工，方便后期分析数据。

3.1 数据清洗

数据清洗是指洗掉数据中"脏、乱、差"的内容，让采集到的数据具备分析价值。本节将重点介绍缺失值、错误值、逻辑错误、数据格式和重复数据等相关清洗操作。

3.1.1 缺失值修复

当数据中出现了缺失值时，可以为了保证样本的完整性而暂时保留缺失数据，可以通过删除的方式删除数据，还可以通过添加的方式修补数据内容，具体视情况而定。

1. 保留缺失数据

保留缺失数据，优点是保证了样本的完整性，但前提是该缺失数据具备保留的意义，否则就应该通过删除或修补操作进行清洗处理。

2. 删除缺失数据

当采集到的数据量很大，即便删除若干数据也不会影响样本时，就可以采取删除的方式修复缺失值。在 Excel 中可以利用以下两种常用的方法定位缺失数据，然后将该数据所在行删除。

- **筛选** | 在【数据】→【排序和筛选】组中单击"筛选"按钮，单击缺失数据所在项目的下拉按钮，在弹出的下拉列表中仅选中"（空白）"复选框，单击 确定 按钮，如图 3-1 所示。

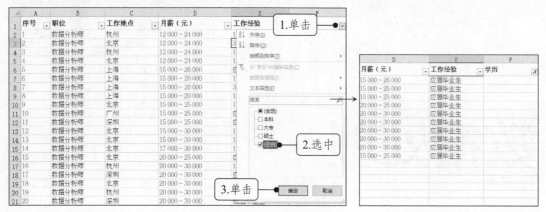

图 3-1 | 筛选缺失数据

- **定位** | 在【开始】→【编辑】组中单击"查找和选择"下拉按钮，在弹出的下拉列表中选择"定位条件"命令，打开"定位条件"对话框，选中"空值"单选项，单击 确定 按钮，如图 3-2 所示。

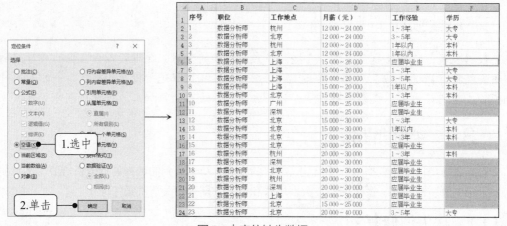

图 3-2 | 定位缺失数据

专家点拨

　　无论采用哪种方法，在找到缺失数据后，可按住【Ctrl】键，依次单击缺失数据对应的行号，同时选择所有包含缺失数据的行记录，在任意所选行号上单击鼠标右键，在弹出的快捷菜单中选择"删除"命令，即可删除缺失数据及其对应的数据记录。

3. 修补缺失数据

　　如果能够判断出缺失数据的内容，则应该及时修补缺失数据；如果无法判断，则可以考虑使用平均数、众数等合理的方法预测出缺失数据。但切记不能为了补全数据而任意填写。

【实验室】修复招聘数据中缺失的学历数据

下面以修复招聘数据中缺失的学历数据为例，介绍修补缺失数据的方法和思路，其具体操作如下所示。

修补招聘数据中缺失
的学历数据

（1）打开"数据分析师.xlsx"工作簿（配套资源：素材\第 3 章\数据分析师.xlsx），在【开始】→【编辑】组中单击"查找和选择"下拉按钮🔍，在弹出的下拉列表中选择"定位条件"命令，如图 3-3 所示。

（2）打开"定位条件"对话框，选中"空值"单选项，单击 确定 按钮，如图 3-4 所示。

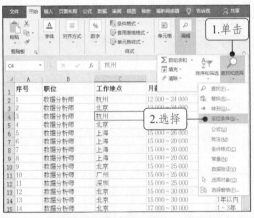

图 3-3 | 定位数据

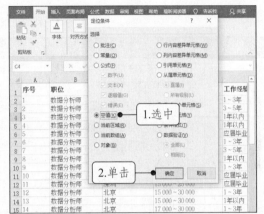

图 3-4 | 设置定位条件

（3）Excel 2016 将自动选择所有空值单元格，可见所有空值对应的工作经验均为"应届毕业生"，观察应届毕业生这类工作经验对应的月薪，其范围大致在本科 1～3 年工作经验和硕士之间，依据常理推断空值内容应该为"本科双学位"学历最为恰当。因此直接输入"本科双学位"，然后按【Ctrl+Enter】组合键在所选的多个单元格中快速输入相同数据（配套资源：效果\第 3 章\数据分析师.xlsx），如图 3-5 所示。

图 3-5 | 快速输入相同数据

3.1.2 错误值修复

对于一些明显错误的数据，Excel 会显示错误信息，以提醒用户及时对错误值进行修复。借助此功能，我们可以对采集数据中的错误值进行修复。

1. IFERROR 函数

Excel 中出现错误信息时，一般可以利用 IFERROR 函数实现修复，该函数的语法格式为 "IFERROR(value, value_if_error)"，其中，参数 "value" 表示当不存在错误时的取值；参数 "value_if_error" 为存在错误时的取值。

2. Excel 错误信息的含义

不同的错误，Excel 会提示不同的错误信息，以帮助用户及时知晓错误产生的原因，从而快速解决该问题。表 3-1 所示即为 Excel 常见错误信息汇总，以及其对应的产生原因和解决方法。

表 3-1　Excel 常见错误信息汇总

符号	产生原因	解决方法
#####!	① 单元格中的数字、日期或时间数据长度大于单元格宽度 ② 单元格中的日期或时间公式产生了负值	① 拖曳列标增加单元格宽度 ② 更正公式或将单元格格式设置为非日期和时间型数据
#VALUE!	① 需要数字或逻辑值时输入了文本 ② 将单元格引用、公式或函数作为数组常量输入 ③ 赋予需要单一数值的运算符或函数一个数值区域	① 确认公式或函数所需的运算符或参数正确，并且公式引用的单元格中包含有效的数值 ② 确认数组常量不是单元格引用、公式或函数 ③ 将数值区域改为单一数值
#DIV/O!	① 公式中的除数使用了指向空白单元格或包含零值单元格的引用 ② 输入公式中的数据包含明显的除数零	① 修改单元格引用或在用作除数的单元格中输入不为零的值 ② 将零值改为非零值
#NAME?	① 删除了公式中使用的名称，或使用了不存在的名称 ② 名称出现拼写错误 ③ 公式中输入文本时未使用双引号 ④ 单元格区域引用时缺少冒号	① 确认使用的名称确实存在 ② 修改拼写错误的名称 ③ 将公式中的文本括在英文状态下的双引号中 ④ 确认公式中使用的所有单元格区域引用都使用了英文状态下的冒号
#N/A	单元格的函数或公式中没有可用数值	可以忽略或在这些单元格中输入 "#N/A"，公式在引用这些单元格时，将不进行数值计算，而是返回 "#N/A"
#REF!	删除了由其他公式引用的单元格或将单元格粘贴到由其他公式引用的单元格中	更改公式或在删除或粘贴单元格之后，单击快速访问工具栏中的 "撤销" 按钮
#NULL!	使用了不正确的区域运算符或引用的单元格区域的交集为空	更改区域运算符使之正确，或更改引用使之相交
#NUM!	公式或函数中的某个数值出现问题	更正错误的数值

【实验室】修复库存周转率中的错误值

在采集某商品的库存数据时，由于部分商品最小存货单元（Stock Keeping Unit，SKU）数据无法采集，导致对应的库存周转率结果错误，下面需要利用 IFERROR 函数进行修复，其具体操作如下所示。

（1）打开 "库存周转率.xlsx" 工作簿（配套资源：素材\第 3 章\库存周转率.xlsx），选择 F2:F25 单元格区域，如图 3-6 所示。

修复库存周转率中的错误值

（2）在原有公式的基础上，将该公式作为 IFERROR 函数的第 1 个参数，将第 2 个参数设置为 "/"，输入完整公式内容 "=IFERROR(B2/((C2+D2)/2),"/")"，如图 3-7 所示。

图 3-6 | 选择单元格区域

图 3-7 | 输入公式

（3）按【Ctrl+Enter】组合键完成计算，此时错误值所在单元格的内容将修复为 "/"（配套资源：效果\第 3 章\库存周转率.xlsx），如图 3-8 所示。

图 3-8 | 修复数据

专家点拨

输入 Excel 表格的公式或函数时，除引用的中文内容外，其他内容都需要在英文状态下输入，包括单元格地址、算术运算符、比较运算符等。

3.1.3　逻辑错误修复

数据的逻辑错误主要是指违反了逻辑规律产生的错误，这需要数据分析人员具备认真细致的工作态度，也要求相关人员必须具备可靠的专业知识，这样才能更容易地找到逻辑问题。

总体而言，数据出现的逻辑错误包括以下几种常见情况。

- **数据不合理**｜如客户年龄300岁、消费金额-50元等，明显不符合客观情况的数据。
- **数据自相矛盾**｜如客户出生年份为1983年，但当前年龄却显示为17岁。
- **数据不符合规则**｜如要求限购1件的商品，但购买数量却显示为5件。

【实验室】标记店铺流量渠道中的错误数据

修复数据的逻辑错误时，可以利用Excel的条件格式功能标记不符合逻辑的数据，然后进行检查并更正。下面以标记店铺来访数据中的店内跳转人数和跳出本店人数为例进行介绍，其具体操作如下所示。

标记店铺流量渠道中的错误数据

（1）打开"来访情况.xlsx"工作簿（配套资源：素材\第3章\来访情况.xlsx），选择E2:E21单元格区域，在【开始】→【样式】组中单击"条件格式"下拉按钮，在弹出的下拉列表中选择"新建规则"命令，如图3-9所示。

图3-9｜新建规则

（2）打开"新建格式规则"对话框，在"选择规则类型"列表框中选择"使用公式确定要设置格式的单元格"选项，在下方的文本框中输入公式"=$E2>$B2"，表示依次比较店内跳转人数是否大于对应的访客数，单击右侧的 格式(F)... 按钮，如图3-10所示。

图3-10｜编辑公式

（3）打开"设置单元格格式"对话框，在"字形"列表框中选择"加粗"选项，在"颜色"下拉列表框中选择"红色"选项，对符合设置条件的单元格数据进行加粗描红显示，单击 确定 按钮，如图3-11所示。

（4）返回"新建格式规则"对话框，单击 确定 按钮，如图3-12所示。

图 3-11 | 设置格式

图 3-12 | 确认设置

（5）此时所有出现店内跳转人数大于访客数的逻辑错误数据都将标记出来。按相同方法继续标记跳出本店人数大于访客数的逻辑错误数据即可（配套资源：效果\第 3 章\来访情况.xlsx），如图 3-13 所示。

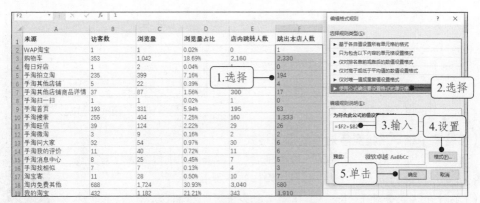

图 3-13 | 标记其他逻辑错误数据

专家点拨

单击"条件格式"下拉按钮后，还可在弹出的下拉列表中选择"突出显示单元格规则"命令，以快速设置简单的条件；也可选择"最前/最后规则"，强调前 10 位、后 10 位等数据；也可选择"数据条""色阶"或"图标集"命令，为所选单元格区域快速应用条件格式。

▌ 3.1.4 统一数据格式

采集到的数据，往往会出现格式不统一的情形，例如，日期数据中，有"2020 年 5 月 23 日"的显示方式，也有"2020-5-23"的显示方式等，这时就需要进行统一，提高数据质量。在 Excel 中，可以充分利用其数据类型设置和查找与替换功能来进行数据格式的统一设置。

1. 设置数据类型

设置数据类型方法为：选择需统一数据类型的单元格区域，在【开始】→【数字】组中单击右下角的"展开"按钮 ，打开"设置单元格格式"对话框的"数字"选项卡，在"分类"下拉列表框中选择某种数据类型，在右侧的界面中进一步设置所选类型的数据格式，完成后单击 确定 按钮，如图 3-14 所示。

2. 查找和替换数据

若需要统一格式或内容的不是某种数据类型，则可利用查找和替换功能进行统一修改。例如，需要将"已 付 货 款"统一为"已付货款"，去掉多余的空格，则可在【开始】→【编辑】组中单击"查找和选择"下拉按钮 ，在弹出的下拉列表中选择"替换"命令，或直接按【Ctrl+H】组合键，打开"查找和替换"对话框的"替换"选项卡，在"查找内容"下拉列表框中输入"已 付货 款"，在"替换为"下拉列表框中输入"已付货款"，单击 全部替换(A) 按钮即可，如图 3-15 所示。

图 3-14 | 设置数据类型

图 3-15 | "查找和替换"对话框

【实验室】统一采集竞争对手的数据格式

下面以统一竞争对手各商品的一级类别内容、客单价和销售额的数据类型为例，介绍统一数据格式的方法，其具体操作如下所示。

（1）打开"竞争对手.xlsx"工作簿（配套资源：素材\第 3 章\竞争对手.xlsx），按【Ctrl+H】组合键，打开"查找和替换"对话框的"替换"选项卡，依次在"查找内容"下拉列表框和"替换为"下拉列表框中输入"女装·女士精品"和"女装/女士精品"，单击 全部替换(A) 按钮，如图 3-16 所示。

统一采集竞争对手的
数据格式

图 3-16 | 输入查找和替换的内容

（2）完成全部替换后，系统会打开提示对话框，提示完成替换的数量，我们可直接单击 确定 按钮，如图 3-17 所示。

图 3-17｜确认替换

（3）重新在"查找和替换"对话框的"查找内容"下拉列表框中输入"女装→女士精品"，"替换为"列表框中输入"女装/女士精品"，依次单击 全部替换(A) 按钮和 确定 按钮，如图 3-18 所示。

图 3-18｜查找和替换其他数据

（4）按相同方法继续将"女装-女士精品"替换为"女装/女士精品"，然后单击 关闭 按钮，关闭对话框，如图 3-19 所示。

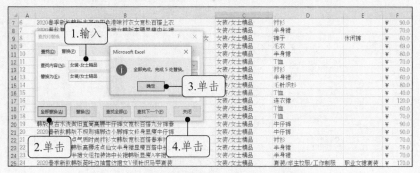

图 3-19｜继续查找和替换其他数据

（5）选择 F2:F58 单元格区域，按住【Ctrl】键加选 H2:H58 单元格区域，单击【开始】→【数字】，并单击右下角的"展开"按钮⤵，如图 3-20 所示。

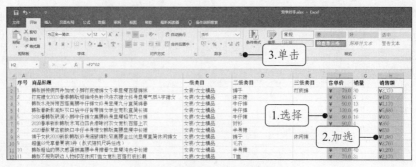

图 3-20 │ 选择多个单元格区域

（6）打开"设置单元格格式"对话框的"数字"选项卡，在"分类"下拉列表框中选择"货币"选项，在"小数位数"数值框中输入"2"，在"货币符号（国家/地区）"下拉列表框中选择"￥"选项，单击 确定 按钮，如图 3-21 所示。

图 3-21 │ 设置数据类型

（7）此时客单价和销售额的数据类型便统一为两位小数的人民币货币类型（配套资源：效果\第 3 章\竞争对手.xlsx），如图 3-22 所示。

图 3-22 │ 统一数据类型后的效果

▌3.1.5 清理重复数据

当采集的数据量较大时，可以利用 Excel 的删除重复值功能，去掉数据中可能存在的重复记录。其方法为：在【数据】→【数据工具】组中单击"删除重复值"按钮，打开"删除重复值"

对话框，在其中选中表格项目对应的复选框，检查该项目下是否包含重复值，单击 确定 按钮即可，如图 3-23 所示。

【实验室】删除重复测试商品的营销效果数据

下面以检查并删除重复测试商品数据为例，介绍在 Excel 中删除重复值的方法，其具体操作如下所示。

（1）打开"营销推广.xlsx"工作簿（配套资源：素材\第 3 章\营销推广.xlsx），在【数据】→【数据工具】

删除重复测试商品的
营销效果数据

图 3-23｜指定检查的项目

组中单击"删除重复值"按钮 ，打开"删除重复值"对话框，在其中仅选中"测试商品编号"复选框，单击 确定 按钮，如图 3-24 所示。

（2）完成删除操作后，系统自动打开提示对话框，提示删除了 3 个重复值，此时，我们单击 确定 按钮即可（配套资源：效果\第 3 章\营销推广.xlsx），如图 3-25 所示。

图 3-24｜设置检查项目

图 3-25｜确认操作

3.2　数据加工

数据清洗完成后，为了便于后期分析工作的开展，还可以根据需要对数据进行加工整理，如按要求排序与筛选数据、计算某些项目字段、汇总结果等。本节将同样以 Excel 2016 为工具，介绍几种常见的数据加工方法。

▌3.2.1　数据分列

数据分列可以将 Excel 中指定列进行分隔，其方法为：选择需要进行分列的数据，在【数据】→【数据工具】组中单击"分列"按钮 ，打开"文本分列向导"对话框，如图 3-26 所示，根据向导提示依次设置分列的依据（如按符号分隔或按宽度分隔）、分隔符或分隔线，并设置分列后的数据格式即可。

图 3-26｜Excel 的数据分列向导

【实验室】将"姓名"列分隔为"姓"和"名"两列

下面以将工资汇总表中的"姓名"项目分列为例，介绍使用 Excel 数据分列的方法，其具体操作如下所示。

（1）打开"工资汇总.xlsx"工作簿（配套资源：素材\第 3 章\工资汇总.xlsx），在"级别"项目的列标上单击鼠标右键，在弹出的快捷菜单中选择"插入"命令，在左侧插入一列，为分列后的数据提供存放位置，如图 3-27 所示。

将"姓名"列分隔为
"姓"和"名"两列

（2）单击 B 列列标选择整列，在【数据】→【数据工具】组中单击"分列"按钮，如图 3-28 所示。

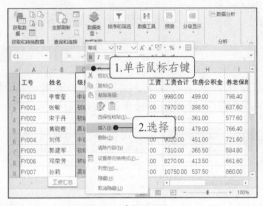

图 3-27｜插入列

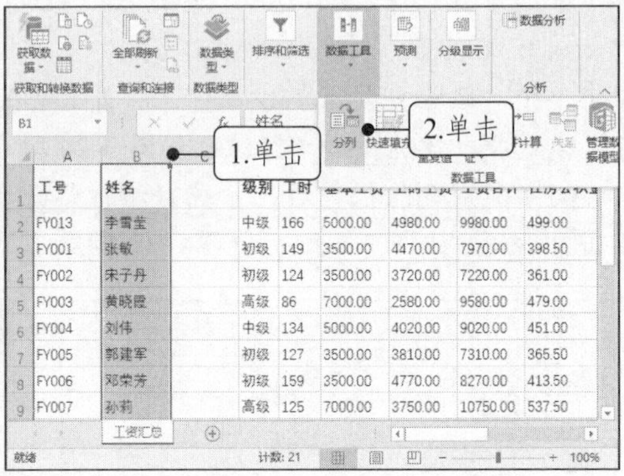

图 3-28｜执行数据分列操作

（3）打开"文本分列向导"对话框，选中"固定宽度"单选项，单击 下一步(N) 按钮，如图 3-29 所示。

（4）此时向导将提示分列的建立、清除和移动方法，在标尺上对应"姓名"二字之间的位置单击鼠标建立分列线，单击 下一步(N) 按钮，如图 3-30 所示。

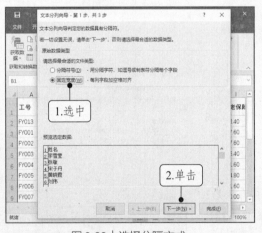

图 3-29｜选择分隔方式

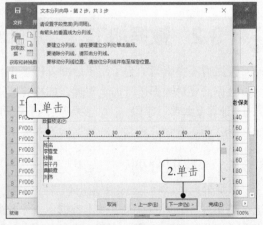

图 3-30｜建立分列线

（5）在打开的对话框中可分别选择"数据预览"栏中的某个分列后的列，并在上方设置其数据格式，这里默认设置，直接单击 完成(F) 按钮，如图 3-31 所示。

（6）此时"姓名"列将分为"姓"和"名"两列（配套资源：效果\第 3 章\工资汇总.xlsx），如图 3-32 所示。

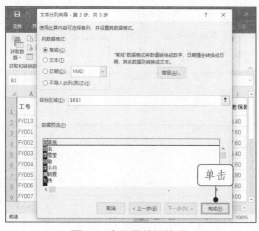

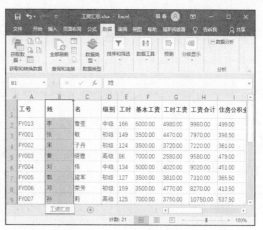

图 3-31｜设置数据格式　　　　　　图 3-32｜完成数据分列操作

专家点拨

分列数据之前如果忘记增加空白列，在执行数据分列操作后，Excel 会打开提示对话框，提示是否覆盖当前已有列的数据，不用担心数据会被直接覆盖。

3.2.2　数据排序与筛选

一般情况下，采集到的数据需要重新进行排序，以方便后期数据分析，如按销量从高到低排列等。同时，也可以通过筛选的方法暂时去掉不需要分析的数据，以简化数据量。这些操作都可以利用 Excel 轻松实现。

1. 数据排序

对数据进行排序有助于我们更好地理解、组织和查阅数据，其方法主要有以下几种。

● **快速排序**｜所谓快速排序，是指利用功能区的排序按钮快速实现数据排序的目的。选择需排序的数据区域后，单击【数据】→【排序和筛选】组中的"升序"按钮或"降序"按钮即可。

● **关键字排序**｜如果排序的数据比较复杂，需要以多种条件才能实现排列时，就可以使用关键字进行排序。其方法为：选择需排序的数据区域，单击"排序和筛选"组中的"排序"按钮，打开"排序"对话框，在其中设置关键字、排序依据和次序即可，如图 3-33 所示。

2. 数据筛选

如果表格数据量非常大，则可以通过筛选操作有目的地显示符合条件的数据，以便查阅和分析。在 Excel 中可以选择预设的条件进行数据筛选操作，也可以手动设置更精确的条件来筛选数据。

图 3-33｜关键字排序

● **自动筛选**｜选择需要进行筛选的数据区域，单击【数据】→【排序和筛选】组中的"筛选"按钮，进入筛选状态，单击某个项目数据右侧的下拉按钮，在弹出的下拉列表中选择"数字筛选"命令，并根据需要在弹出的子列表中选择需要的筛选条件并进行设置即可，如图 3-34 所示。

● **手动筛选**│如果自动筛选的条件仍无法满足需求，则可进行高级筛选操作，其方法为：手动输入筛选条件，然后单击"排序和筛选"组中的 <svg/>高级按钮，打开"高级筛选"对话框，在其中指定数据区域和筛选条件区域，确认操作即可，如图3-35所示。

图3-34│选择预设的筛选条件　　　　图3-35│设置高级筛选参数

【实验室】对销售数据进行排序与筛选

下面以销售数据为例，介绍在Excel中进行排序与筛选的方法，其具体操作如下所示。

（1）打开"销售统计.xlsx"工作簿（配套资源：素材\第 3 章\销售统计.xlsx），选择K2单元格，在【数据】→【排序和筛选】组中单击"升序"按钮 <svg/>，使数据记录按排名情况升序排列，如图3-36所示。

（2）继续单击该组中的"排序"按钮 <svg/>，打开"排序"对话框，在"主要关键字"下拉列表框中选择"部门"选项，在"次序"下拉列表框中选择"降序"选项，如图3-37所示。

对销售数据进行排序与筛选

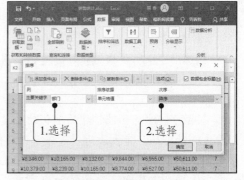

图3-36│按排名排列数据　　　　图3-37│设置主要关键字

（3）单击 <svg/>添加条件(A)按钮，在"次要关键字"下拉列表框中选择"销售总额"选项，在对应的"次序"下拉列表框中选择"降序"选项，单击 确定 按钮，如图3-38所示。

（4）此时数据记录将按部门升序排列，当部门相同时，则按销售总额降序排列，继续在"排序和筛选"组中单击"筛选"按钮 <svg/>，然后单击"销售总额"项目右侧的下拉按钮 <svg/>，在弹出的下拉列表中选择【数字筛选】→【大于】命令，如图3-39所示。

（5）打开"自定义自动筛选方式"对话框，在"大于"下拉列表框右侧的文本框中输入"50000"，单击 确定 按钮，如图3-40所示。

（6）Excel 表格将自动隐藏销售总额小于等于 50000 的数据记录，单击"排序和筛选"组中的 <svg/>清除按钮，取消筛选状态，如图3-41所示。

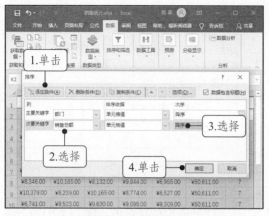

图 3-38 | 添加次要关键字

图 3-39 | 选择筛选条件

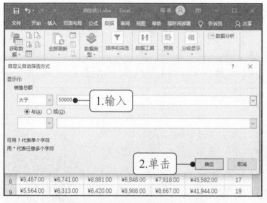

图 3-40 | 设置筛选条件

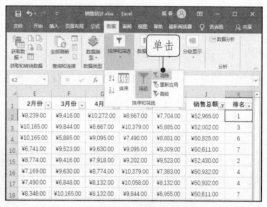

图 3-41 | 清除筛选结果

（7）在任意空白的单元格区域中输入条件，这里在 E23:G24 单元格区域中输入图 3-42 所示的条件内容，然后单击 ▼ 高级按钮。

（8）打开"高级筛选"对话框，将列表区域设置为 A1:K21 单元格区域，将条件区域设置为 E23:G24 单元格区域，单击 确定 按钮，如图 3-43 所示。

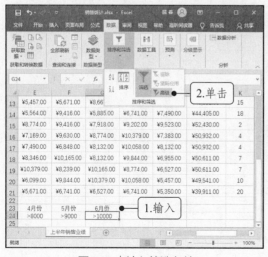

图 3-42 | 输入筛选条件

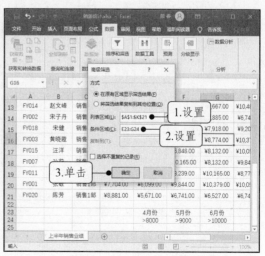

图 3-43 | 设置高级筛选参数

（9）此时表格中仅显示同时满足 4 月销售额大于 8000、5 月销售额大于 9000、6 月销售额大于 10000 的数据记录（配套资源：效果\第 3 章\销售统计.xlsx），如图 3-44 所示。

图 3-44｜筛选结果

3.2.3　数据行列的转换

数据行列的转换在 Excel 中称为"转置"，指的是将原来各条数据记录的首列内容转置为数据的各个项目，将原来的各个项目转置为数据记录的首列内容，从而实现将当前各列内容转置为横向的各条数据记录。

在 Excel 中转换数据行和列时，首先需要选择需要转置的所有表格数据，按【Ctrl+C】组合键复制，然后选择新的表格所在的左上角单元格，执行以下任意一个操作即可。

● **通过按钮转置**｜单击【开始】→【剪贴板】组中的"粘贴"按钮🗐下方的下拉按钮▾，在弹出的下拉列表中单击"转置"按钮🗐。

● **通过对话框转置**｜单击【开始】→【剪贴板】组中的"粘贴"按钮🗐下方的下拉按钮▾，在弹出的下拉列表中选择"选择性粘贴"命令，在打开的对话框中选中"转置"复选框，单击 确定 按钮。

【实验室】转置商品房销售数据

下面直接利用按钮将表格中的商品房数据进行转置，其具体操作如下所示。

（1）打开"商品房销售.xlsx"工作簿（配套资源：素材\第 3 章\商品房销售.xlsx），选择 A1:U6 单元格区域，按【Ctrl+C】组合键复制数据，然后选择 A7 单元格，并单击【开始】→【剪贴板】组中的"粘贴"按钮🗐下方的下拉按钮，在弹出的下拉列表中单击"转置"按钮🗐，如图 3-45 所示。

转置商品房销售数据

（2）拖曳鼠标选择第 1 行至第 6 行行号，在所选任意行号上单击鼠标右键，在弹出的快捷菜单中选择"删除"命令，删除原有的数据，如图 3-46 所示。

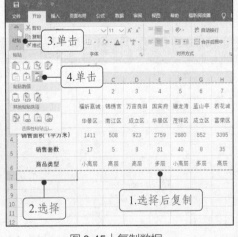

图 3-45｜复制数据

图 3-46｜删除原数据

（3）适当拖曳行号和列标，调整转置后各行和各列的行高与列宽即可（配套资源：效果\第 3 章\商品房销售.xlsx），如图 3-47 所示。

图 3-47 | 调整行高与列宽

3.2.4 数据计算

采集到的数据，有时我们需要进一步计算某些项目来得到其他结果，此时就可以借助 Excel 强大的计算功能，不仅可以避免手动计算出现错误，还能极大地提高计算效率。

1. 认识 Excel 公式

Excel 中的公式必须以 "=" 开头，其后可以包含常量、运算符、单元格引用、函数等组成对象。例如，A1 单元格中的数据为 5，A2 单元格中的数据为 6，若要在 A3 单元格中计算前两个单元格数据之和，则可在 A3 单元格中输入 "=A1+A2"。图 3-48 所示为 Excel 公式的组成。

图 3-48 | 公式的组成

- **常量** | 不会变化的数据，如数字和文本，文本需用英文状态下的引号括起来。
- **运算符** | 公式进行运算的符号，如加号 "+"、乘号 "*"、除号 "/" 等。
- **单元格（区域）引用** | 即单元格地址，代表计算该地址所对应的单元格（区域）中的数据。
- **函数** | 相当于公式中的一个参数，参与计算的数据为函数返回的结果。函数的语法结构为 "函数名(参数 1,参数 2,参数 3,…)"，如求和函数 SUM(A1:A3,B2:B4)就表示计算 A1:A3 单元格区域之和与 B2:B4 单元格区域之和，并汇总这两个结果。当该函数出现在某个公式中时，则汇总的结果就是公式的参数。

> **专家点拨**
>
> 完成公式或函数的输入后，需要按【Enter】键或【Ctrl+Enter】组合键确认输入才能返回计算结果。其中，按【Enter】键返回结果的同时会自动选择下方相邻的单元格；按【Ctrl+Enter】组合键则会选择当前单元格。

2. 公式的引用

如果公式中含有单元格引用，则移动、复制公式时就会涉及单元格引用的问题。具体来说，单元格引用有 3 种情况，分别是相对引用、绝对引用和混合引用。

- **相对引用** | 指公式中引用的单元格地址会随公式所在单元格的位置变化而相对改变。默认情况下，公式中的单元格引用都是相对引用，移动、复制公式也会产生相对引用的效果。

如 C1 单元格中的公式为"=A1+B1"，则将 C1 单元格中的公式复制到 C2 单元格时，其公式将变为"=A2+B2"。

- **绝对引用**｜指无论公式所在单元格地址如何变化，公式中引用的单元格地址始终不变。在公式中引用的单元格地址的行号和列标左侧加上"$"符号，就能使相对引用变为绝对引用。例如，C1 单元格中的公式为"=$A$1+$B$1"，则将 C1 单元格中的公式复制到 C2 单元格时，其公式同样为"=$A$1+$B$1"。按【F4】键可以将所选的公式内容在相对引用和绝对引用之间转换。

- **混合引用**｜指公式的单元格引用中既有相对引用，又有绝对引用的情况。例如，C1 单元格中的公式为"=$A$1+B1"，则将 C1 单元格中的公式复制到 C2 单元格时，其公式将变为"=$A$1+B2"。

【实验室】计算商品销售及占比情况

下面利用 Excel 计算各地区商品的销售总额和各类商品的限售占比情况，其具体操作如下所示。

计算商品销售及占比情况

（1）打开"地区销售.xlsx"工作簿（配套资源：素材\第 3 章\地区销售.xlsx），选择 G2:G22 单元格区域，在编辑栏中输入"=SUM(D2:F2)"，其中"D2:F2"可通过拖曳鼠标选择单元格区域快速引用，如图 3-49 所示。

（2）按【Ctrl+Enter】组合键返回所有地区商品的销售总额，如图 3-50 所示。

图 3-49｜输入函数

图 3-50｜计算销售总额

（3）选择 H2:H22 单元格区域，在编辑栏中输入"=D2/G2*100"，表示礼品类销售占比为礼品类商品的销售额与销售总额之比，如图 3-51 所示。

（4）按【Ctrl+Enter】组合键返回所有地区礼品类商品的销售占比，如图 3-52 所示。

图 3-51｜输入公式

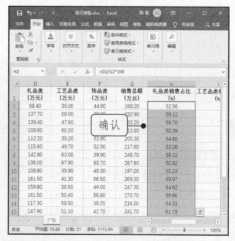

图 3-52｜计算礼品类商品销售占比

（5）选择 I2:I22 单元格区域，在编辑栏中输入"=E2/G2*100"，按【Ctrl+Enter】组合键返回所有地区工艺品类商品的销售占比，如图 3-53 所示。

（6）选择 J2:J22 单元格区域，在编辑栏中输入"=F2/G2*100"，按【Ctrl+Enter】组合键返回所有地区饰品类商品的销售占比（配套资源：效果/第 3 章/地区销售.xlsx），如图 3-54 所示。

图 3-53｜计算工艺品类商品销售占比

图 3-54｜计算饰品类商品销售占比

专家点拨

按【Ctrl+Enter】组合键可快速输入多个相同的公式，公式内容会随单元格位置相对变化。实际操作时也可在单独的单元格中输入公式并确认计算。拖曳该单元格右下角的填充柄至目标单元格，也可实现快速计算其他单元格数据的目的。

3.2.5 数据汇总

数据汇总是指将同类的数据进行汇总处理，便于分析汇总情况。在 Excel 中可以通过分类汇总功能实现对数据的分类以及汇总操作，其方法为：对需分类汇总的数据进行排序，然后选择排序后的任意单元格，在【数据】→【分级显示】组中单击"分类汇总"按钮▦，打开"分类汇总"对话框，在其中设置分类字段（即排序字段）、汇总方式和汇总项即可，如图 3-55 所示。

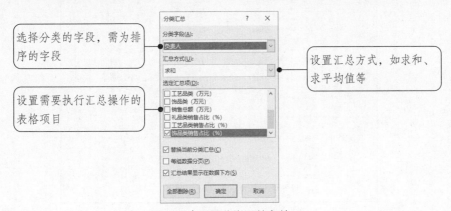

图 3-55｜设置分类汇总参数

【实验室】汇总各部门的销售总额与平均销售额

下面以部门为分类依据，同时汇总出各个部门的销售总额和各部门每位员工的平均销售额，其具体操作如下所示。

（1）打开"销售汇总.xlsx"工作簿（配套资源：素材\第3章\销售汇总.xlsx），选择C2单元格，单击【数据】→【排序和筛选】组中的"升序"按钮，如图3-56所示。

（2）在【数据】→【分级显示】组中单击"分类汇总"按钮，打开"分类汇总"对话框，在"分类字段"下拉列表框中选择"部门"选项，在"汇总方式"下拉列表框中选择"求和"选项，在"选定汇总项"列表框中选中"销售总额"复选框，单击 确定 按钮，如图3-57所示。

汇总各部门的销售
总额与平均销售额

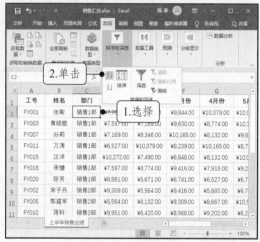

图 3-56 | 排序数据

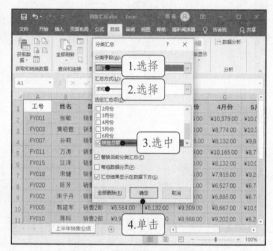

图 3-57 | 设置分类汇总参数

（3）此时Excel将汇总出3个销售部门的销售额总和以及整个公司的销售总额，如图3-58所示。

工号	姓名	部门	1月份	2月份	3月份	4月份	5月份	6月份	销售总额
FY001	张敏	销售1部	¥7,704.00	¥6,099.00	¥9,844.00	¥10,379.00	¥10,058.00	¥5,457.00	¥49,541.00
FY003	黄晓霞	销售1部	¥7,597.00	¥7,169.00	¥9,630.00	¥8,774.00	¥10,379.00	¥7,383.00	¥50,932.00
FY007	孙莉	销售1部	¥7,169.00	¥8,346.00	¥10,165.00	¥8,132.00	¥9,844.00	¥6,955.00	¥50,611.00
FY011	万涛	销售1部	¥6,527.00	¥10,379.00	¥8,239.00	¥10,165.00	¥6,527.00	¥6,563.00	¥50,611.00
FY015	汪洋	销售1部	¥10,272.00	¥7,490.00	¥6,848.00	¥8,132.00	¥10,058.00	¥8,132.00	¥50,932.00
FY018	宋健	销售1部	¥7,597.00	¥8,774.00	¥9,416.00	¥7,918.00	¥9,202.00	¥9,523.00	¥52,430.00
FY020	陈芳	销售1部	¥8,881.00	¥5,671.00	¥6,741.00	¥6,527.00	¥6,741.00	¥5,350.00	¥39,911.00
		销售1部 汇总							¥344,968.00
FY002	宋子丹	销售2部	¥9,309.00	¥5,564.00	¥9,416.00	¥5,885.00	¥6,741.00	¥7,490.00	¥44,405.00
FY005	郭建军	销售2部	¥5,564.00	¥8,132.00	¥9,309.00	¥8,667.00	¥10,593.00	¥5,457.00	¥47,722.00
FY010	蒋科	销售2部	¥9,951.00	¥6,420.00	¥8,988.00	¥9,202.00	¥6,206.00	¥8,239.00	¥49,006.00
FY014	赵文峰	销售2部	¥8,774.00	¥5,457.00	¥5,671.00	¥8,667.00	¥10,486.00	¥7,276.00	¥46,331.00
FY017	刘明亮	销售2部	¥6,313.00	¥6,741.00	¥9,523.00	¥9,630.00	¥9,095.00	¥9,309.00	¥50,611.00
		销售2部 汇总							¥238,075.00
FY004	刘伟	销售3部	¥8,774.00	¥6,848.00	¥8,132.00	¥6,848.00	¥9,630.00	¥8,453.00	¥48,685.00
FY006	邓荣芳	销售3部	¥6,420.00	¥5,671.00	¥5,671.00	¥9,737.00	¥10,058.00	¥10,379.00	¥47,936.00
FY008	黄俊	销售3部	¥7,704.00	¥7,490.00	¥6,527.00	¥6,634.00	¥8,560.00	¥8,881.00	¥45,796.00
FY009	陈子桐	销售3部	¥9,309.00	¥10,165.00	¥5,885.00	¥9,095.00	¥7,490.00	¥8,881.00	¥50,825.00
FY012	李涛	销售3部	¥9,737.00	¥5,457.00	¥6,741.00	¥8,881.00	¥6,848.00	¥7,918.00	¥45,582.00
FY013	李雪莹	销售3部	¥8,667.00	¥8,239.00	¥9,416.00	¥10,272.00	¥8,667.00	¥7,704.00	¥52,965.00
FY016	王希希	销售3部	¥7,062.00	¥10,165.00	¥9,844.00	¥8,667.00	¥10,379.00	¥5,885.00	¥52,002.00
FY019	顾晓华	销售3部	¥5,992.00	¥5,564.00	¥6,313.00	¥6,420.00	¥8,988.00	¥8,667.00	¥41,944.00
		销售3部 汇总							¥385,735.00
		总计							¥968,778.00

图 3-58 | 分类汇总结果

专家点拨

如果要删除分类汇总结果，可重新打开"分类汇总"对话框，单击左下角的 全部删除(R) 按钮即可。

（4）重新打开"分类汇总"对话框，在"汇总方式"下拉列表框中选择"平均值"选项，取消选中"替换当前分类汇总"复选框，单击 确定 按钮，如图 3-59 所示。

（5）此时 Excel 表格将同时汇总出不同部门各员工的销售总额与平均销售额（配套资源：效果\第 3 章\销售汇总），如图 3-60 所示。

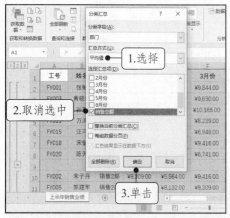

图 3-59 | 设置分类汇总参数　　　　　　　图 3-60 | 分类汇总结果

3.2.6　数据提取

通过数据提取操作，可以将数据中有用的对象提取出来，这对于采集到的数据而言是非常实用的操作。在 Excel 中可以使用 LEFT 函数、MID 函数和 RIGHT 函数来实现数据提取的工作。

- **LEFT 函数**｜其语法格式为"=LEFT(text, num_chars)"，表示从指定的单元格中返回左侧的 1 个或多个字符。例如，A1 单元格中的数据为"提取采集到的数据"，则"=LEFT(A1,1)"将返回"提"；"=LEFT(A1,2)"将返回"提取"。

- **MID 函数**｜其语法格式为"=MID(text, start_num, num_chars)"，表示从指定的单元格中的指定位置返回 1 个或多个字符。例如，A1 单元格中的数据为"提取采集到的数据"，则"=MID(A1,3,2)"将返回"采集"；"=MID(A1,5,4)"将返回"到的数据"。

- **RIGHT 函数**｜其语法格式为"=RIGHT(text, num_chars)"，表示从指定的单元格中返回右侧的 1 个或多个字符。例如，A1 单元格中的数据为"提取采集到的数据"，则"=RIGHT(A1,1)"将返回"据"；"=RIGHT(A1,2)"将返回"数据"。

【实验室】通过提取数据判断库存商品

下面将通过提取数据并结合 IF 函数来判断库存商品的类别、功能，以及其是否为新品，通过练习可以进一步掌握在 Excel 中使用 IF 函数和嵌套函数的方法，其具体操作如下所示。

（1）打开"库存管理.xlsx"工作簿（配套资源：素材\第 3 章\库存管理.xlsx），选择 B2:B21 单元格区域，在编辑栏中输入"=IF()"，然后在输入

通过提取数据判断
库存商品

的括号中单击鼠标定位文本插入点，如图3-61所示。

（2）单击右侧名称框的下拉按钮 ，在弹出的下拉列表中选择"其他函数"命令，如图3-62所示。

图3-61｜输入IF函数

图3-62｜选择嵌套函数

专家点拨

> IF函数为逻辑函数，它可以设定条件，通过判断条件是否成立来返回对应的结果。因此，IF函数可能有两个结果，第1个结果是条件成立时返回的值（True）；第2个结果是条件不成立时返回的值（False）。例如，=IF(A1="Yes",1,2)，表示如果A1单元格中的值为"Yes"，则返回1，否则返回2。

（3）打开"插入函数"对话框，在"或选择类别"下拉列表框中选择"文本"选项，在"选择函数"列表框中选择"LEFT"选项，单击 确定 按钮，如图3-63所示。

（4）打开"函数参数"对话框，在"Text"文本框中输入"A2"，在"Num_chars"文本框中输入"1"选项，单击 确定 按钮，如图3-64所示。

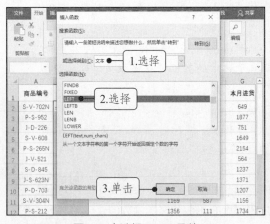
图3-63｜选择LEFT函数

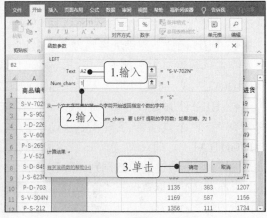
图3-64｜设置函数参数

（5）系统会在此时默认打开提示对话框，我们可直接单击 确定 按钮，如图3-65所示。

（6）继续在编辑栏中输入"="S","，完成IF函数条件的设置，如图3-66所示。

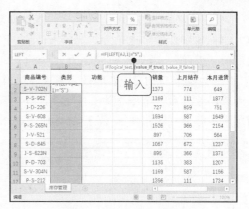

图 3-65 | 关闭对话框

图 3-66 | 设置 IF 函数条件

（7）继续输入"'"运动套装",'"，表示如果商品编号的第 1 个字符为"S"，则返回"运动套装"，如图 3-67 所示。

（8）复制"="号以外的所有公式内容，在真值后的","号右侧粘贴复制的内容，将整个复制的内容作为 IF 函数在条件不成立返回的结果，如图 3-68 所示。

图 3-67 | 设置返回的真值

图 3-68 | 复制嵌套函数

（9）修改嵌套函数的内容，即判断商品编号的第 1 个字符是否为"P"，如果是，则返回"运动裤系列"，否则返回"上衣系列"，如图 3-69 所示。

（10）按【Ctrl+Enter】组合键返回判断结果，如图 3-70 所示。

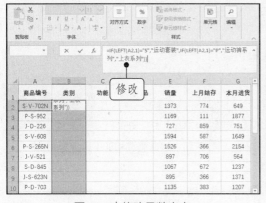

图 3-69 | 修改函数内容

图 3-70 | 返回结果

（11）选择 C2:C21 单元格区域，在编辑栏中输入"=IF(MID(A2,3,1)="V","透气",IF(MID(A2,3,1)="S","吸汗","速干"))"，表示如果编号第 3 个字符为"V"，则返回"透气"，如果是"S"，则返回"吸汗"，否则返回"速干"，按【Ctrl+Enter】组合键返回结果，如图 3-71 所示。

（12）选择 D2:D21 单元格区域，在编辑栏中输入"=IF(RIGHT(A2,1)="N","是","")"，表示如果编号最后一个字符为"N"，则返回"是"，否则返回空值，按【Ctrl+Enter】组合键返回结果（配套资源：效果\第 3 章\库存管理.xlsx），如图 3-72 所示。

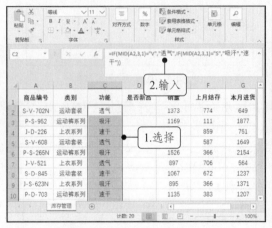

图 3-71 | 判断商品功能　　　　　　　　　　图 3-72 | 判断是否为新品

专家点拨

如果对需要使用的函数不太熟悉，则可在编辑栏中输入"="号，然后单击左侧的"插入函数"按钮 *fx*，或单击【公式】→【函数库】组中的"插入函数"按钮 *fx*，在打开的对话框中依次选择函数并设置函数参数。

3.3　课堂实训——清洗并加工行业稳定性数据

数据的清洗与加工，可以改善所采集的数据质量，提高其价值，是数据统计与分析之前应该执行的操作。本章从数据清洗和数据加工两个角度重点介绍若干实用的处理方法，并介绍大量 Excel 的知识和操作技巧，下面将通过清洗并加工行业稳定性数据来巩固所学的相关内容。

3.3.1　实训目标及思路

本次实训将对已经采集到的行业数据进行清洗，然后利用 Excel 的公式与函数计算出各行业的标准差、平均值、波动系数和极差数据，以便分析各市场的行业稳定性。具体操作思路如图 3-73 所示。

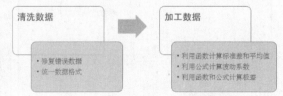

图 3-73 | 数据清洗和加工操作思路

3.3.2　操作方法

本实训的具体操作如下所示。

（1）打开"行业稳定性.xlsx"工作簿（配套资源：素材\第 3 章\行业稳定性.xlsx），选择 A2:A13 单元格区域，在【开始】→【数字】组中单击"展开"按钮，如图 3-74 所示。

（2）打开"设置单元格格式"对话框的"数字"选项卡，在"分类"列表框中选择"日期"选项，在"类型"列表框中选择"2012 年 3 月"选项，单击 确定 按钮，如图 3-75 所示。

清洗并加工行业
稳定性数据

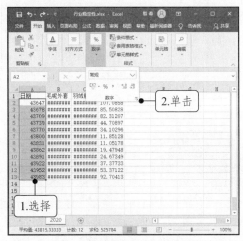

图 3-74 | 选择错误的日期数据

图 3-75 | 选择数据类型

（3）同时增加 A 列至 D 列的列宽，然后选择 B2:C13 单元格区域，在【开始】→【数字】组中单击"展开"按钮，如图 3-76 所示。

（4）打开"设置单元格格式"对话框的"数字"选项卡，在"分类"列表框中选择"数值"选项，选中"使用千位分隔符"复选框，单击 确定 按钮，如图 3-77 所示。

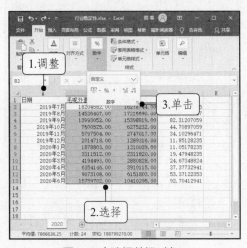

图 3-76 | 选择数据对象

图 3-77 | 添加千位分隔符

（5）选择 B2:D17 单元格区域，在【开始】→【数字】组中单击"减少小数位数"按钮，将所有数据的小数位数调整为 2 位，如图 3-78 所示。

（6）选择 A 列至 D 列单元格区域，在【开始】→【对齐方式】组中依次单击"垂直居中"按钮 ≡ 和"居中"按钮 ≡，如图 3-79 所示。

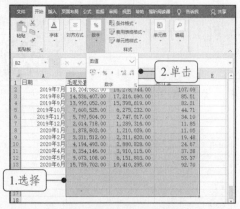
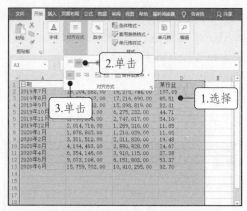

图 3-78 | 调整小数位数　　　　　　　图 3-79 | 调整对齐方式

专家点拨

　　这里设置小数位数和对齐方式时，选择的单元格区域不仅包含当前已有数据的单元格区域，还考虑到后面计算数据时会用到的单元格区域。

　　（7）保持单元格区域的选择状态，在【开始】→【字体】组的"字体"下拉列表框中选择"方正宋一简体"选项，在"字号"下拉列表框中选择"12"选项，如图 3-80 所示。

　　（8）依次在 A14:A17 单元格区域中输入相应的文本，然后选择 B14 单元格，单击编辑栏中的"插入函数"按钮 f_x，如图 3-81 所示。

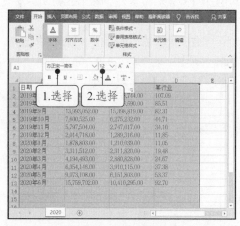

图 3-80 | 调整字体字号　　　　　　　图 3-81 | 输入文本并插入函数

　　（9）打开"插入函数"对话框，在"或选择类别"下拉列表框中选择"统计"选项，在"选择函数"列表框中选择"STDEV.P"选项，单击 确定 按钮，如图 3-82 所示。

　　（10）打开"函数参数"对话框，在"Number1"文本框中引用 B2:B13 单元格区域的地址，单击 确定 按钮，如图 3-83 所示。

专家点拨

　　STDEV.P 函数可以计算基于以参数形式给出的整个样本总体的标准差（忽略逻辑值和文本）。

图 3-82｜选择函数　　　　　　　　　　图 3-83｜设置函数参数

（11）向右拖曳 B14 单元格右下角的填充柄至 D14 单元格，释放鼠标完成函数的填充，如图 3-84 所示。

（12）选择 B15:D15 单元格区域，在编辑栏中输入"=AVERAGE(B2:B13)"，按【Ctrl+Enter】组合键返回结果，如图 3-85 所示。

图 3-84｜填充函数　　　　　　　　　　图 3-85｜计算平均值

（13）选择 B16:D16 单元格区域，在编辑栏中输入"=B14/B15"，按【Ctrl+Enter】组合键返回结果（分析行业稳定性首先需要计算波动系数，而"波动系数=标准差/平均值"，因此会依次计算各行业的标准差和平均值等数据），如图 3-86 所示。

（14）选择 B17:D17 单元格区域，在编辑栏中输入"=MAX(B2:B13)–MIN(B2:B13)"（MAX 函数可以返回指定区域的最大值；MIN 函数可以返回指定区域的最小值），按【Ctrl+Enter】组合键返回结果（配套资源：效果\第 3 章\行业稳定性.xlsx），如图 3-87 所示。

专家点拨

波动系数的缺点在于它与数据本身的大小没有关系，千万级别和百位级别的数据得到的波动系数可能相差无几，如图 3-86 所示的毛呢外套行业的波动系数与某行业的波动系数是完全相同的，因此分析行业稳定性时还需要利用极差这个指标来反映行业的数据量级。

图 3-86｜计算波动系数

图 3-87｜计算极差

 ## 3.4 课后练习

（1）当采集到的数据有缺失时，哪种情况需要保留缺失数据？哪种情况可以删除缺失数据？哪种情况需要修补缺失数据？

（2）IFERROR 函数和 IF 函数有什么相同点和不同点？

（3）简述"#VALUE!""#DIV/O!""#NAME?"和"#N/A"是什么错误，如何解除。

（4）如果需要自动将数据中小于 0 的数据标红，可以使用 Excel 的哪种功能，具体该如何实现？

（5）简述查找和替换数据的操作方法。

（6）Excel 的快速排序和关键字排序各有什么优势？

（7）哪种情况下才能用到高级筛选功能？

（8）数据转置是什么意思？该如何实现此操作？

（9）Excel 的公式和函数有什么区别？

（10）简述相对引用与绝对引用的含义。

（11）打开从店侦探中采集的商品详情数据（配套资源：素材\第 3 章\商品详情.xlsx），通过数据清洗和加工操作对数据内容进行适当处理（配套资源：效果\第 3 章\商品详情.xlsx），效果如图 3-88 所示。

图 3-88｜数据处理后的效果

（提示：①删除重复数据；②将"7 天销量升降"项目下的数据更改为百分比数据，注意数值的正确性；③将"创建时间"分列为"创建日期"和"创建时间"2 列，以空格为分隔符号；④通过修改数据类型删除分列后出现的"0:00:00"数据；⑤通过查找与替换功能将"30 天付款人数"项目下的"−1"全部更改为"0"；⑥适当调整数据字体、字号、对齐方式、行高、列宽。）

第 **4** 章

描述性统计分析

【学习目标】
- ➢ 了解集中趋势、离散程度的含义以及偏度和峰度的概念
- ➢ 掌握算术平均值、中位数和众数的分析方法
- ➢ 掌握极差、四分位差、平均差、方差、标准差和变异系数的分析方法
- ➢ 掌握 Excel 自带的描述统计功能的使用方法

描述性统计可以对总体数据做出统计性描述，从而发现数据的分布规律，并挖掘出数据的内在特征。这是一种较为初级但却比较常用的数据分析方法，可以为下一步数据分析提供有效的推断依据。描述性统计的方法较多，本章将重点介绍集中趋势的统计分析、离散程度的统计分析，以及分布形态的统计分析等内容。

 ## 4.1 集中趋势的统计分析

数据描述性统计的第一个维度就是数据的集中趋势描述，分析时往往需要借助一定的统计指标来实现，下面首先介绍集中趋势的含义，然后重点说明算术平均值、中位数和众数等趋势统计指标的分析方法。

4.1.1 集中趋势的含义

集中趋势反映了一组数据中心点所在的位置，统计分析集中趋势不仅可以找到数据的中心值或一般水平的代表值，还可以发现数据向其中心值靠拢的倾向和程度。比如全国人均国内生产总值（Gross Domestic Product，GDP）就是一个集中趋势指标，反映的是人均国内生产总值的情况。虽然每个人对 GDP 的贡献度不同，但人均 GDP 能够反映一个国家的经济发展水平。

4.1.2 算术平均值

算术平均值指的是一组数据相加后除以数据个数的结果，它可以反映出一组数据的平均水平，如上文所述的人均 GDP。该指标的优点在于利用了所有数据的信息，缺点则是容易受极端值的影响，会导致结果的代表性较差。

根据所计算的数据是否分组，算术平均值有简单算术平均值和加权算术平均值之分。

1．简单算术平均值

简单算术平均值是对未经分组的数据计算平均数而采用的计算形式。假设一组数据有 n 个变量值，分别为 $x_1, x_2, \cdots, x_n$，则这组数据的简单算术平均值的计算公式如下所示。

$$\overline{x} = \frac{x_1 + x_2 + \cdots + x_n}{n}$$

在 Excel 中，可以直接使用 AVERAGE 函数计算某一组数据的简单算术平均值，例如 A1:A20 单元格区域中包含不同的数值，则"=AVERAGE(A1:A20)"将返回这些数值的平均值。该函数等效于公式"=SUM(A1:A20)/COUNT(A1:A20)"，其中，COUNT 函数用于计数。

2．加权算术平均值

加权算术平均值则是对已分组的数据计算平均数而采用的计算形式。若将一组数据分为 k 组，各组的简单算术平均值表示为 $\overline{x}_1, \overline{x}_2, \cdots, \overline{x}_k$，每组数据的个数为各组数据的权数，分别为 $f_1, f_2, \cdots, f_k$，则这组数据的加权算术平均值的计算公式如下所示。

$$\overline{x} = \frac{f_1 \overline{x}_1 + f_2 \overline{x}_2 + \cdots + f_k \overline{x}_k}{f_1 + f_2 + \cdots + f_k}$$

在 Excel 中，可以使用 SUMPRODUCT 函数计算加权算术平均值公式中的分子部分。该函数可以返回对应区域的乘积之和，如公式"=SUMPRODUCT(A1:A5,B1:B5)"，返回的结果等同于"=A1*B1+A2*B2+A3*B3+A4*B4+A5*B5"。

【实验室】掌握西红柿试验田的平均产量情况

某农场为了从 3 种不同的西红柿品种中选取高产稳定的一种，分别在 3 块试验田上试种，每块试验田均为 0.5 公顷，具体产量如表 4-1 所示，试计算试验田的平均产量。

掌握西红柿试验田的
平均产量情况

表 4-1　西红柿试验田产量汇总

品种	第 1 试验田产量（kg）	第 2 试验田产量（kg）	第 3 试验田产量（kg）
A	21.5	20.4	22
B	21.3	18.9	18.9
C	17.8	23.3	21.4

其具体操作如下所示。

（1）打开"算术平均值.xlsx"工作簿（配套资源：素材\第 4 章\算术平均值.xlsx），选择 F2 单元格，在编辑栏中输入"=AVERAGE(B2:D2)"，计算 A 品种西红柿的平均产量，如图 4-1 所示。

图 4-1｜计算 A 品种西红柿平均产量

（2）按【Ctrl+Enter】组合键返回计算结果，拖曳 F2 单元格右下角的填充柄至 F4 单元格，计算其他品种西红柿的平均产量，如图 4-2 所示。

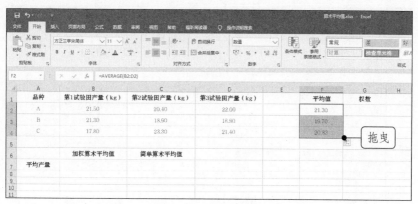

图 4-2 | 计算其他品种西红柿的平均产量

（3）选择 G2 单元格，在编辑栏中输入 "=COUNT(B2:D2)"，计算 A 品种西红柿的权数（即个数），如图 4-3 所示。

图 4-3 | 计算 A 品种西红柿的权数

（4）按【Ctrl+Enter】组合键返回计算结果，拖曳 G2 单元格右下角的填充柄至 G4 单元格，计算其他品种西红柿的权数，如图 4-4 所示。

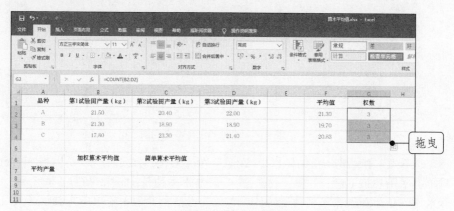

图 4-4 | 计算其他品种西红柿的权数

（5）选择 B7 单元格，在编辑栏中输入"=SUMPRODUCT(F2:F4,G2:G4)"，对应加权算术平均值计算公式的分子部分，如图 4-5 所示。

图 4-5 | 应用 SUMPRODUCT 函数

（6）继续在编辑栏的公式右侧输入"/SUM(G2:G4)"，对应加权算术平均值计算公式的分母部分，如图 4-6 所示。

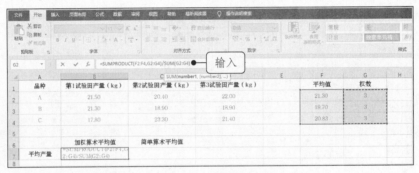

图 4-6 | 应用 SUM 函数

（7）按【Ctrl+Enter】组合键计算所有西红柿产量的加权算术平均值，如图 4-7 所示。

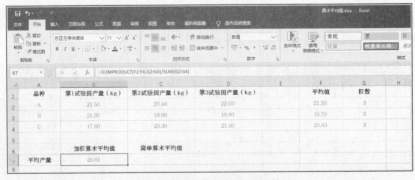

图 4-7 | 计算加权算术平均值

（8）选择 C7 单元格，在编辑栏中输入"=AVERAGE(B2:D4)"，按【Ctrl+Enter】组合键计算简单算术平均值（配套资源：效果\第 4 章\算术平均值.xlsx），如图 4-8 所示。由此可知，简单算术平均值为加权算术平均值的特殊形式。当简单算术平均值所有数值的权数都为 1，即所有数值的重要性相同时，简单算术平均值与加权算术平均值的结果是相等的。

图 4-8 | 计算简单算术平均值

专家点拨

除算术平均值外，调和平均值和几何平均值也可以描述数据的集中趋势。其中，调和平均值是各变量值倒数的算术平均值的倒数（如图 4-9 所示），也称倒数平均值，当被平均变量的权数未知而总量已知时，就可将算术平均值的公式变形为调和平均值的公式来对变量进行平均；几何平均值则是若干变量值乘积的若干次方根（如图 4-10 所示），主要用于计算平均比率、平均速率等。

$$\overline{x} = \cfrac{n}{\cfrac{1}{x_1} + \cfrac{1}{x_2} + \cdots + \cfrac{1}{x_n}}$$

图 4-9 | 调和平均值的计算公式

$$\overline{x} = \sqrt[n]{x_1 \cdot x_2 \cdot \cdots \cdot x_n}$$

图 4-10 | 几何平均值的计算公式

4.1.3　中位数

中位数是指将一组数据按从小到大或从大到小的顺序排列后，处于中间位置上的数据。当一组数据中含有异常或极端的数据时，通过算术平均值这个指标就有可能得到代表性不高甚至错误的结果，此时则可以使用中位数来作为该组数据的代表值。

需要注意的是，当该组数据的个数 n 为奇数时，中位数就是位于 $\frac{n+1}{2}$ 位置上的数值，如当 $n=13$ 时，中位数就是第 7 位对应的数值；当该组数据的个数 n 为偶数时，中位数就是位于 $\frac{n+1}{2}$ 前后相邻的两个自然数位置对应数值的算术平均值，如当 $n=14$ 时，中位数就是第 7 位和第 8 位数值的算术平均值。

在 Excel 中，可以直接使用 MEDIAN 函数返回一组数据的中位数，如果该组数据的个数为偶数，则 MEDIAN 函数将自动返回位于中间的两个数的平均值，如公式"=MEDIAN(A1:A20)"将返回该区域中位于第 10 位和第 11 位（按大小排序）的两个数的平均值。

【实验室】识破招聘启事中的工资待遇陷阱

有些公司在招聘启事中会将工资范围描述得过大，不排除公司经营情况导致了相同岗位的工资差距会过大，但也有部分公司会故意夸大工资待遇，以吸引应聘者，图 4-11 所示为某公司招聘广告中的工资待遇。部分应聘者会先入为主地计算其算术平均值，即"（7000+13000）/2=10000

元"，并认为这个工资待遇就是公司的基本
待遇，但如果进行实际调查，往往就会发现
就职于该岗位的员工待遇有可能远低于
10000元。

图 4-11 | 某公司招聘广告中的工资待遇

下面在Excel中利用中位数来识破招聘启
事中工资待遇的陷阱，其具体操作如下所示。

（1）打开"中位数.xlsx"工作簿（配套资源：素材\第4章\中位数.xlsx），选择F2单元格，
单击编辑栏中的"插入函数"按钮，如图4-12所示。

图 4-12 | 插入函数

（2）打开"插入函数"对话框，在"或选择类别"下拉列表框中选择"统计"选项，在
"选择函数"列表框中选择"MEDIAN"选项，单击 确定 按钮，如图4-13所示。

图 4-13 | 选择函数

（3）打开"函数参数"对话框，选择"Number1"文本框中原有的内容，然后选择B2:B11
单元格区域，引用其地址，如图4-14所示。

（4）在"Number2"文本框中单击鼠标定位文本插入点，然后选择D2:D11单元格区域，
引用其地址，如图4-15所示。

（5）在"Number3"文本框中单击鼠标定位文本插入点，然后选择F2:F11单元格区域，
引用其地址，单击 确定 按钮，如图4-16所示。

（6）返回所选数据的中位数，可见该公司虽然描述月薪范围在7000~13000元，但根据中
位数结果来看，基本月薪实际上只在7650元左右（配套资源：效果\第4章\中位数.xlsx），如
图4-17所示。

图 4-14 | 设置函数参数

图 4-15 | 再次设置函数参数

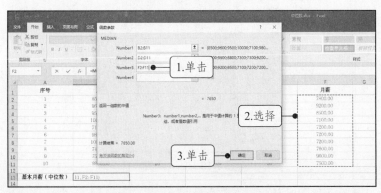

图 4-16 | 继续设置函数参数

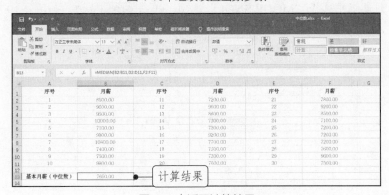

图 4-17 | 返回计算结果

4.1.4 众数

众数是指一组数据中出现频率最高的数值，这个指标对定类数据、定序数据、定距数据和定比数据都适用，能表示由它们组成的一组数据的集中趋势。

如果总体包含的数据足够多，且数据具有明显的集中趋势时，就可以使用众数反映该组数据的集中趋势。例如，一个班级共有 50 位学生，其中 45 位学生的年龄为 14 岁，3 位学生的年龄为 13 岁，2 位学生的年龄为 15 岁，就可以用 14 岁作为该班级的学生平均年龄。

需要注意的是，如果在一组数据中，只有一个数值出现的次数最多，就称这个数值为该组数据的众数；如果有两个或多个数值的出现次数并列最多，则称这两个或多个数值都是该组数据的众数；如果所有数值出现的次数都相同，则称该组数据没有众数。

在 Excel 中，可以使用 MODE.SNGL 函数返回一组数据的众数，如"=MODE.SNGL (A1:A20)"将返回该区域中出现频数最高的数值。

【实验室】通过众数票选出班级口号

某校将要举行秋季校园运动会，某班拟订了 5 种班级口号，每位同学都可以选择喜欢的一种口号，下面我们利用众数票选出最受同学们青睐的口号，其具体操作如下所示。

通过众数票选出班级口号

（1）打开"众数.xlsx"工作簿（配套资源：素材\第 4 章\众数.xlsx），选择 B25 单元格，单击编辑栏中的"插入函数"按钮 f_x，如图 4-18 所示。

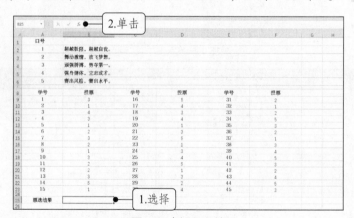

图 4-18 | 插入函数

（2）打开"插入函数"对话框，在"或选择类别"下拉列表框中选择"统计"选项，在"选择函数"列表框中选择"MODE.SNGL"选项，单击 确定 按钮，如图 4-19 所示。

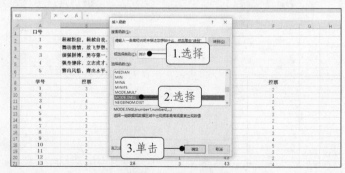

图 4-19 | 选择函数

（3）打开"函数参数"对话框，选择"Number1"文本框中原有的内容，然后选择 B9:B23 单元格区域，引用其地址，如图 4-20 所示。

图 4-20 | 设置函数参数

（4）依次在"Number2"和"Number3"文本框中引用 D9:D23 单元格区域和 F9:F23 单元格区域，单击 [确定] 按钮，如图 4-21 所示。

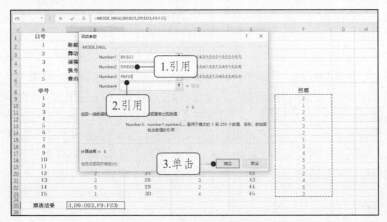

图 4-21 | 继续设置函数参数

（5）返回所选数据的众数，最终第 3 种口号受到了更多同学的青睐（配套资源：效果\第 4 章\中位数.xlsx），如图 4-22 所示。

图 4-22 | 返回计算结果

专家点拨

本节所介绍的 3 个统计指标，虽然反映数据的侧重点有所不同，但都可表示数据的集中趋势，都能作为数据一般水平的代表。其中，算术平均值反映了一组数据的平均大小，常用来代表一组数据的"平均水平"；中位数类似一条分界线，将数据分成前半部分和后半部分，因此常用来代表一组数据的"中等水平"；众数则反映了出现次数最多的数据，常用来代表一组数据的"多数水平"。

4.2　离散程度的统计分析

离散程度分析可以发现一组数据中各变量值之间的差异程度，我们结合集中趋势的分析结果，就能对该组数据有更深入、更全面的认识。

▌4.2.1　离散程度的含义

在统计学中，把反映总体中各个个体的变量值之间差异程度的指标称为离散程度，也称为离中趋势。描述一组数据离散程度的指标有很多，常用的包括极差、四分位差、平均差、方差、标准差、变异系数等，使用这些指标，并结合集中趋势的描述，就可以更好地发现数据的特性。例如，算术平均值会受到极端值的影响，不能完全展现一组数据的特征，结合离散程度指标，则可以在一定程度上弥补这个缺陷。举例来说，现在有两组数据，一组数据的数值为"14、5、16"，另一组数据的数值为"10、15、20"。如果只考虑两组数据的算术平均值，则无法判断这两组数据有什么区别。通过仔细观察可以看出，两组数据是存在明显不同的，即第二组数据中各数值之间的差距比第一组数据更大，这种情况就需要使用离散程度指标来进一步发现问题。

一般而言，在同类离散指标的比较中，离散指标的数值越小，说明该组数据的波动（变异）程度越小；离散指标的数值越大，则说明该组数据的波动（变异）程度越大。

▌4.2.2　极差

极差又称为范围误差或全距，通常以 R 表示，反映的是一组数据中最大值与最小值之间的差距，其计算公式如下所示。

$$R = x_{\max} - x_{\min}$$

由于极差是一组数据中最大值与最小值之差，因此该组数据中任何两个变量之差自然都不会超过极差。这一特性，使得极差能够刻画出一组数据中变量分布的变异范围和离散幅度，能体现出一组数据波动的范围。也就是说，一组数据的极差越大，该组数据的离散程度越大；极差越小，离散程度则越小。

需要注意的是，极差只能反映一组数据的最大离散范围，未能利用该组数据的所有信息，不能细致地反映出变量彼此之间的离散程度，从而不能反映变量分布情况，同时极差也易受极端值的影响。

在 Excel 中可以利用 MAX 函数和 MIN 函数来计算极差。其中，MAX 函数为最大值函数，可以返回指定区域中的最大值；MIN 函数为最小值函数，可以返回指定区域中的最小值。二者的语法格式分别为"=MAX(number1, [number2],...)"和"=MIN(number1,[number2],...)"。

通过极差观察气温变化

【实验室】通过极差观察气温变化

某地区 2020 年 6 月下旬与 2019 年同期的每日最高气温如表 4-2 所示，试通过极差分析这两年气温的变化情况。

表4-2　某地区6月下旬每日最高气温汇总表

	21日	22日	23日	24日	25日	26日	27日	28日	29日	30日
2019年6月	31℃	33℃	37℃	38℃	31℃	32℃	33℃	33℃	33℃	33℃
2020年6月	27℃	30℃	33℃	39℃	38℃	35℃	32℃	26℃	35℃	39℃

其具体操作如下所示。

（1）打开"极差.xlsx"工作簿（配套资源：素材\第 4 章\极差.xlsx），选择 B6 单元格，在编辑栏中输入"=MAX(B3:K3)"，其中单元格区域的地址可以通过选择对应的单元格区域快速引用，该公式表示返回该单元格区域中的最大值，如图 4-23 所示。

图 4-23｜输入函数

（2）继续在编辑栏中输入"-MIN(B3:K3)"，表示将减去指定区域中的最小值，如图 4-24 所示。

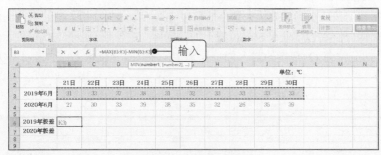

图 4-24｜继续输入函数

（3）按【Enter】键返回计算结果，如图 4-25 所示。

图 4-25｜计算 2019 年的气温极差

（4）重新选择 B6 单元格，拖曳其右下角的填充柄至 B7 单元格，计算出 2020 年的气温极差（配套资源：效果\第 4 章\极差.xlsx），如图 4-26 所示。实际上，这两年同期的平均气温是相同的，都是 33.4℃，但是 2020 年同期的气温波动明显更大，范围在 26℃～39℃，2019 年同期的气温波动较小，范围在 31℃～38℃。

图 4-26｜填充公式

专家点拨

完成公式的计算后在单元格左上角出现绿色三角形标志，表示的是 Excel 判断可能出现错误，单击右侧的 🔽 图标可发现具体的问题。这里出现该标志的原因在于，Excel 认为在计算极差时，省略了连续的包含数据的单元格区域，并不代表公式有误。单击 🔽 图标后，可在弹出的下拉列表中选择"忽略错误"选项清除标志。

4.2.3 四分位差

如果将一组数据按从小到大或从大到小的顺序排列后等分为 4 份，则处于该组数据 25%位置上的数据称为上四分位数 Q_L，处于 50%位置上的数据称为中位数，处于 75%位置上的数据称为下四分位数 Q_U。四分位差 Q_d 则指的是上四分位数 Q_U 与下四分位数 Q_L 之差，即 $Q_d = Q_U - Q_L$，如图 4-27 所示。

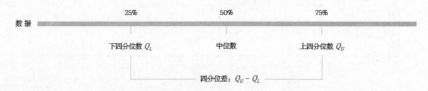

图 4-27｜四分位数及四分位差示意图

若一组数据中包含 n 个数值，则下四分位数 Q_L 和上四分位数 Q_U 的位置分别是：下四分位数 Q_L 的位置 $= \dfrac{n+1}{4}$，上四分位数 Q_U 的位置 $= \dfrac{3(n+1)}{4}$。

从图 4-27 中可以发现，约有 50%的数据包含在上四分位数 Q_U 和下四分位数 Q_L 之间，说明四分位差可以表示占全部数据一半的中间数据的离散程度。四分位差越大，表示数据离散程度越大；四分位差越小，表示数据离散程度越小。四分位差不受极值的影响，适用于顺序数据和数值型数据。此外，由于中位数处于数据的中间位置，因此四分位差的大小在一定程度上也说明了中位数对一组数据的代表程度。尤其是当用中位数测度数据集中趋势时，就特别适合用四分位差来描述数据的离散程度。

在 Excel 中可以借助 QUARTILE.INC 函数来计算四分位差。该函数的语法格式为 QUARTILE. INC(array,quart)。其中，参数 array 为需要返回的四分位数值所在的单元格区域；参数 quart 为需要返回的具体的值，取值范围为 0～4 的整数，各取值对应的含义如表 4-3 所示。

表 4-3　参数 quart 的取值含义

取值	返回的值
0	最小值
1	上四分位数
2	中位数
3	下四分位数
4	最大值

【实验室】利用四分位差分析全班的数学成绩

某班统计了全班 48 位学生的数学成绩，下面在 Excel 中利用四分位差这个指标来分析本次数学成绩的结果，其具体操作如下。

（1）打开"四分位差.xlsx"工作簿（配套资源：素材\第 4 章\四分位差.xlsx），选择 B15 单元格，单击编辑栏中的"插入函数"按钮，打开"插入函数"对话框，在"或选择类别"下拉列表框中选择"统计"选项，在"选择函数"列表框中选择"QUARTILE.INC"选项，单击 [确定] 按钮，如图 4-28 所示。

通过四分位差分析全班的数学成绩

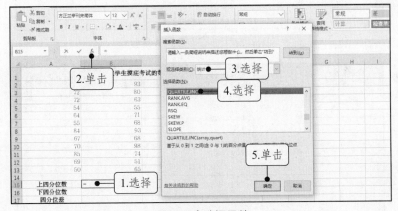

图 4-28 | 选择函数

（2）打开"函数参数"对话框，在"Array"文本框中引用 A2:D13 单元格区域地址，在"Quart"文本框中输入"3"，单击 [确定] 按钮，如图 4-29 所示。

（3）选择 B16 单元格，按相同方法插入 QUARTILE.INC 函数，在"Array"文本框中引用 A2:D13 单元格区域地址，在"Quart"文本框中输入"1"，单击 [确定] 按钮，如图 4-30 所示。

（4）选择 B17 单元格，在编辑栏中输入"=B15-B16"，按【Enter】键计算四分位差（配套资源：效果\第 4 章\四分位差.xlsx），如图 4-31 所示。由此可见，本次数学考试有 50% 的学生成绩集中在 62～75.5 分，在该范围中的最大差距为 13.5 分。如果本次考试的考题难度较大，则超过 50% 以上的及格率是可以接受的；但如果考题非常简单，则至少有 50% 的学生没有考上 80 分，整体结果是不理想的。

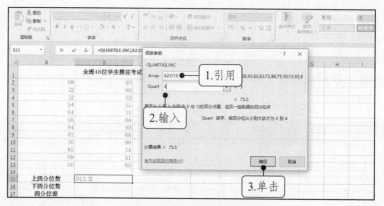

图 4-29｜设置函数参数

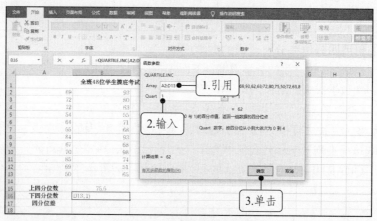

图 4-30｜继续设置函数参数

图 4-31｜计算四分位差

4.2.4 平均差

平均差也是一种表示各个变量值之间差异程度的指标，指的是各个变量值与其算术平均值的离差绝对值的算术平均值，可以用"A.D"或"M.D"表示。其中，离差就是偏差，是某个变量值与整个数据的算术平均值之差。

假设一组数据有 n 个变量值，分别为 $x_1, x_2, \cdots, x_n$，其算术平均值为 $\bar{x}$，则平均差的计算公式如下所示。

$$A.D = \frac{\sum |x - \bar{x}|}{n}$$

例如，一组数据包含的数值有 20,40,60,80,100，则该数据的平均差为：

$$A.D = \frac{\sum |x - \bar{x}|}{n} = \frac{|20 - 60| + |40 - 60| + |60 - 60| + |80 - 60| + |100 - 60|}{5} = 24$$

专家点拨

> 由于每个变量与整个数据的算术平均值之差可能大于 0，也可能小于 0，则各个变量的离差之和就可能等于 0，这样就无法反应出平均差的情况。为此，上述公式才需要为离差取绝对值，以避免所有变量离差之和为 0 的情况。

平均差越大，说明各变量与算术平均值的差异程度越大，该算术平均值的代表性就越小；平均差越小，说明各变量与算术平均值的差异程度越小，该算术平均值的代表性就越大。

在 Excel 中，可以使用 AVEDEV 函数快速计算出指定区域的平均差，其语法格式为"AVEDEV(number1,[number2],…)"，其用法与 SUM、AVERAGE 等函数的用法相同。

【实验室】使用平均差分析销售部门的销量

某企业将 4 个销售部门各员工的销量进行了汇总，希望通过平均差找到更具代表性的员工平均销量数据，其具体操作如下所示。

（1）打开"平均差.xlsx"工作簿（配套资源：素材\第 4 章\平均差.xlsx），选择 B17 单元格，在编辑栏中输入"=AVEDEV()"，然后将文本插入点定位到括号中，选择 B3:B15 单元格区域引用其地址，如图 4-32 所示。

使用平均差分析销售
部门的销量

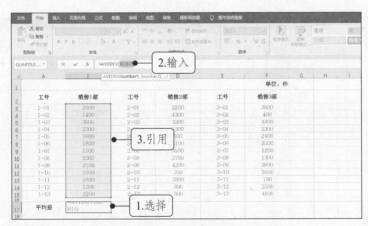

图 4-32 | 输入函数并引用单元格区域

（2）按【Ctrl+Enter】组合键返回该部门的平均差数据，如图 4-33 所示。

（3）选择 D17 单元格，在编辑栏中输入"=AVEDEV()"，将文本插入点定位到括号中，选择 D3:D15 单元格区域引用其地址，按【Ctrl+Enter】组合键返回结果，如图 4-34 所示。

（4）选择 F17 单元格，在编辑栏中输入"=AVEDEV()"，将文本插入点定位到括号中，选择 F3:F15 单元格区域引用其地址，按【Ctrl+Enter】组合键返回结果，如图 4-35 所示。

图 4-33 | 返回销售 1 部的平均差数据

图 4-34 | 计算销售 2 部的平均差数据

图 4-35 | 计算销售 3 部的平均差数据

（5）由此可见，销售 1 部的销量平均差最小，因此该部门的员工平均销量更具代表性。选择 A18 单元格，输入"平均销量"，继续选择 B18 单元格，在编辑栏中输入"=AVERAGE()"，然后将文本插入点定位到括号中，选择 B3:B15 单元格区域引用其地址，按【Ctrl+Enter】组合键计算该部门的平均销量即可（配套资源：效果\第 4 章\平均差.xlsx），如图 4-36 所示。

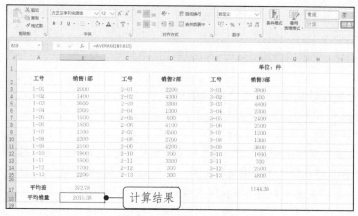

图 4-36 | 计算平均销量

4.2.5 方差与标准差

平均差通过绝对值的方法消除离差的正负号，从而保证离差之和不为 0。在数学上，还有一种方法比使用绝对值来处理该问题更为合理，即对离差进行平方计算，这就是方差，考虑到方差是经过平方处理的，其单位与数据单位就不会相同，因此为了更好地比较和分析数据，可以对方差开平方根，这就是标准差。

1. 总体的方差和标准差

假设一组数据有 N 个变量值，分别为 $x_1, x_2, \cdots, x_n$，σ^2 为总体方差，μ 为总体均值，则总体方差的计算公式如下所示。

$$\sigma^2 = \frac{\sum (x - \mu)^2}{N}$$

总体标准差 σ 的计算公式则为：

$$\sigma = \sqrt{\frac{\sum (x - \mu)^2}{N}}$$

2. 样本的方差和标准差

实际工作中，如果总体参数无法得到，则可以使用样本统计量代替总体参数。假设样本量为 n，样本量的均值为 $\bar{x}$，此时样本方差 s^2 的计算公式如下。

$$s^2 = \frac{\sum (x - \bar{x})^2}{n-1}$$

样本标准差 s 的计算公式则为：

$$s = \sqrt{\frac{\sum (x - \bar{x})^2}{n-1}}$$

专家点拨

需要注意的是，总体方差和标准差的计算公式中，分母部分即总体的数据总量 N；样本方差和标准差的计算公式中，分母部分则是样本量与 1 之差，即 $n-1$。这样处理可以使样本方差和标准差更好地估计总体方差和标准差。

在 Excel 中，如果采集到的是总体的所有数据，则可以使用 STDEV.P 函数计算总体标准差，将结果进行平方处理（Excel 中的平方计算为 "^2"）则能得到总体方差的数据；如果采集到的是总体的部分样本数据，则可以使用 STDEV.S 函数计算样本标准差，将结果进行平方处理得到样本方差的数据。

【实验室】分析篮球队每一百回合得分数据

下面通过标准差和方差分析某篮球队最近每场比赛的得分能力，其具体操作如下所示。

（1）打开 "方差与标准差.xlsx" 工作簿（配套资源：素材\第 4 章\方差与标准差.xlsx），选择 B17 单元格，单击编辑栏中的 "插入函数" 按钮 f_x，打开 "插入函数" 对话框，在 "或选择类别" 下拉列表框中选择 "统计" 选项，在 "选择函数" 列表框中选择 "STDEV.P" 选项，单击 [确定] 按钮，如图 4-37 所示。

分析篮球队每一百回合得分数据

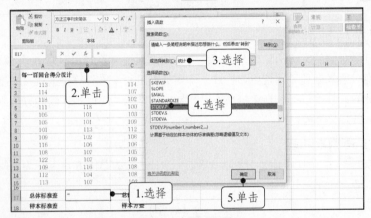

图 4-37 | 选择函数

（2）打开 "函数参数" 对话框，在 "Number1" 文本框中引用 A2:F15 单元格区域地址，单击 [确定] 按钮，如图 4-38 所示。

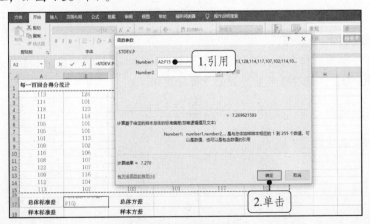

图 4-38 | 设置函数参数

（3）选择 D17 单元格，在编辑栏中输入 "=B17^2"，按【Ctrl+Enter】组合键计算数据，如图 4-39 所示。

（4）选择 B18 单元格，插入 STDEV.S 函数，在 "函数参数" 对话框的 "Number1" 文本框中引用 A2:F15 单元格区域地址，单击 [确定] 按钮，如图 4-40 所示。

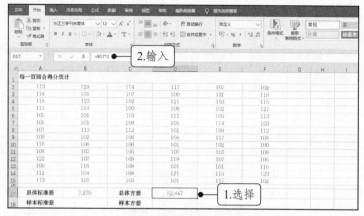

图 4-39 | 计算总体方差

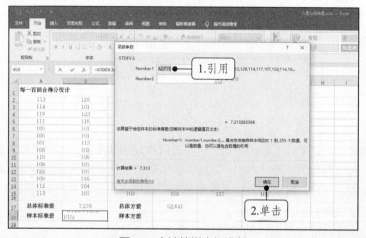

图 4-40 | 计算样本标准差

（5）选择 D18 单元格，在编辑栏中输入"=B18^2"，按【Ctrl+Enter】组合键计算数据（配套资源：效果\第4章\方差与标准差.xlsx），如图 4-41 所示。通过计算结果可以发现，该篮球队的平均得分大致在 109 ± 7 分的范围。另外，总体标准差的数据比样本标准差的数据低，说明总体数据比样本数据的波动程度更低。

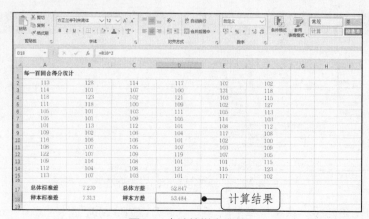

图 4-41 | 计算样本方差

专家点拨

在 Excel 中选择数据区域后，状态栏右侧将同步显示所选单元格区域的平均值、单元格数量和总和等数据结果。

4.2.6 变异系数

无论极差、平均差或标准差，这些指标实际上都是以绝对值形式反映数据的离散指标，不仅都有计量单位，而且计量单位与算术平均值的计量单位相同。因此，如果两组数据的计量单位相同且平均水平相当时，就可以用上述绝对值形式的离散指标对这两组数据进行对比。

但是，如果两组数据的计量单位不同或平均水平差距较大，使用上述离散指标在不同的总体之间进行比较就缺乏可比性，这时则需要计算相对值形式的离散指标，即变异系数（也称离散系数）。

变异系数是用绝对值形式的离散指标与平均值相除的结果，是用比率的形式反映离散程度大小的一种指标，通常用标准差除以算术平均值的百分数来表示。

总体的变异系数计算公式如下所示。

$$V_\sigma = \frac{\sigma}{\mu} \times 100\%$$

样本的变异系数计算公式如下所示。

$$V_S = \frac{S}{\overline{x}} \times 100\%$$

需要注意的是，变异系数无单位指标，它不仅可以说明同类数据的相对离散程度，还可以说明不同类型数据的相对离散程度。例如，比较一群人的收入离散程度和忠诚度离散程度，因为收入与忠诚度的单位不一致，所以其他的离散指标都不适用，而变异系数则能够用于两者的比较，因为它消除了单位的影响。

【实验室】分析衣柜与五金件的价格波动幅度

某公司随机抽取了 12 种型号的成品衣柜以及对应的五金件，希望通过对这些样品的价格进行分析来比较二者的价格波动幅度，其具体操作如下所示。

（1）打开"变异系数.xlsx"工作簿（配套资源：素材\第 4 章\变异系数.xlsx），选择 B6 单元格，在编辑栏中输入"=STDEV.S(B2:M2)"，按【Ctrl+Enter】组合键计算成品衣柜的样本标准差，如图 4-42 所示。

分析衣柜与五金件的价格波动幅度

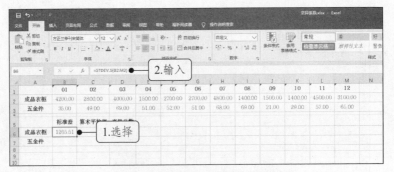

图 4-42 | 计算成品衣柜的样本标准差

（2）选择 B7 单元格，在编辑栏中输入"=STDEV.S(B3:M3)"，按【Ctrl+Enter】组合键计算五金件的样本标准差，如图 4-43 所示。

图 4-43 | 计算五金件的样本标准差

（3）利用 AVREAGE 函数分别计算成品衣柜和五金件的样本算术平均值，如图 4-44 所示。

图 4-44 | 计算样本算术平均值

（4）选择 D6 单元格，在编辑栏中输入"=B6/C6*100%"，按【Ctrl+Enter】组合键计算成品衣柜的变异系数，如图 4-45 所示。

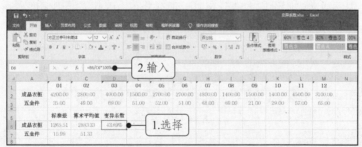

图 4-45 | 计算成品衣柜的变异系数

（5）选择 D7 单元格，在编辑栏中输入"=B7/C7*100%"，按【Ctrl+Enter】组合键计算五金件的变异系数（配套资源：效果\第 4 章\变异系数.xlsx），如图 4-46 所示。由此可见，成品衣柜的价格变异系数大于五金件的价格变异系数，说明成品衣柜的价格波动幅度更大。

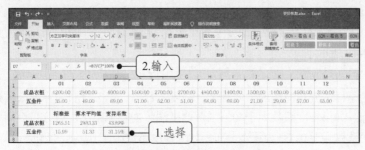

图 4-46 | 计算五金件的变异系数

本节介绍了 6 种离散指标。其中，极差是最简单的数据离散程度分析指标，虽然计算简单明了，但只能粗略地说明数据的变动范围；四分位差则可以反映数据中覆盖 50% 的变量的离散程度；平均差和方差则分别通过绝对值和平方等数学处理手段，控制各变量与算术平均值离差之和不为 0，从而反映数据内部各变量的离散情况；标准差则是在方差的基础上，解决了方差单位与数据单位不一致，而无法衡量数据情况的问题；变异系数则进一步解决了不同数据之间比较离散程度的问题。这些变量各有优缺点，可根据实际情况选择使用。

4.3 分布形态的统计分析

无论是集中趋势的描述，还是离散程度的描述，目的都是分析数据的分布特征。对于任意两组数据而言，即使它们的集中趋势和离散程度特征都相同，但表现出来的分布特征也有可能不同，原因在于决定数据分布的特征除了集中趋势和离散程度外，还有本节将要介绍的分布形态。

4.3.1 偏度与峰度

数据的分布形态并没有确切的定义，但作为数据描述的第 3 个维度，它是最为形象的描述方式，可以用各种统计图形将数据的分布形态形象地展现在图形上，使分析者对数据的各种分布特征一目了然。

在统计分析中，通常要假设样本的分布属于正态分布，因此需要用偏度和峰度两个指标来检查样本是否符合正态分布。

正态分布也称常态分布、高斯分布，由于其正态曲线两头低、中间高、左右对称似钟形表现，因此又经常被称为钟形曲线，如图 4-47 所示。

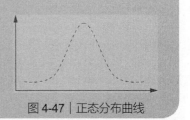

图 4-47 | 正态分布曲线

1. 偏度

偏度描述的是样本分布的偏斜方向和程度，偏度系数则是以正态分布为标准来描述数据对称性的指标。如果偏度系数大于 0，则高峰向左偏移，长尾向右侧延伸，称为正偏态分布；如果偏度系数等于 0，则为正态分布；如果偏度系数小于 0，则高峰向右偏移，长尾向左延伸，称为负偏态分布，如图 4-48 所示。

2. 峰度

峰度描述的是样本分布曲线的尖峰程度，峰度系数是以正态分布为标准来描述分布曲线峰顶尖峭程度的指标。如果峰度系数大于 0，则两侧极端数据较少，比正态分布更高更窄，呈尖峭峰分布；如果峰度系数等于 0，则为正态分布；如果峰度系数小于 0，则两侧极端数据较多，比正态分布更低更宽，呈平阔峰分布，如图 4-49 所示。

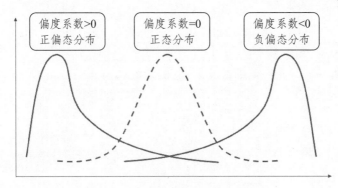

图 4-48 | 不同偏度系数对应的分布曲线

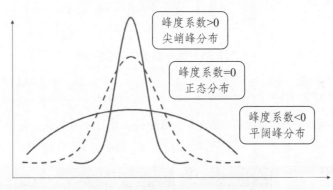

图 4-49 | 不同峰度系数对应的分布曲线

4.3.2 使用 Excel 的描述统计功能

Excel 自带描述统计功能,我们使用该功能,可以快速实现对数据的集中趋势、离散程度和分布形态等特征的分析。

1. 加载"数据分析"选项卡

使用描述统计功能之前,需要将"数据分析"选项卡加载到 Excel 的功能区,如果功能区中已经包含该选项卡,则可以跳过此步骤。其具体操作如下所示。

(1)在 Excel 操作界面中单击"文件"选项卡,然后选择界面左下角的"选项"选项,如图 4-50 所示。

加载"数据分析"选项卡

图 4-50 | Excel 选项设置

(2)打开"Excel 选项"对话框,选择左侧的"加载项"选项,然后单击下方的 转到(G)... 按钮,如图 4-51 所示。

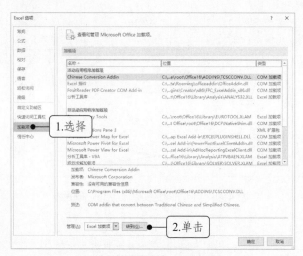

图 4-51｜管理 Excel 加载项

（3）打开"加载项"对话框，选中"分析工具库"复选框，单击 确定 按钮，如图 4-52 所示。

（4）在操作界面中单击"数据"选项卡，此时将显示"分析"组，其中便加载了 数据分析 按钮，如图 4-53 所示。

图 4-52｜加载分析工具库   图 4-53｜显示数据分析工具

2. 描述统计分析

单击功能区中加载的 数据分析 按钮，将打开"数据分析"对话框，在其中的"分析工具"列表框中选择"描述统计"选项并单击 确定 按钮，将打开"描述统计"对话框，在其中设置相应的参数后单击 确定 按钮，Excel 将对指定的数据进行描述统计计算，如图 4-54 所示。

该对话框中各参数的作用分别如下所示。

● **"输入区域"文本框**｜需要分析的数据所在的单元格区域，将文本插入点定位到其中后，拖曳鼠标选择对应的数据区域即可。

● **"分组方式"栏**｜包含"逐列"和"逐行"两个单选项，根据输入区域中的数据进行设置。

图 4-54｜"描述统计"对话框

● **"标志位于第一行"复选框**｜选中该复选框，表示输入区域的第一行包含项目，否则应取消选中该复选框。

● **"输出区域"单选项**｜选中该单选项，可在右侧的文本框中指定某个单元格作为描述统计分析结果的输出起始单元格。

- **"新工作表组"单选项**｜选中该单选项，将在新建的工作表组中显示分析结果。
- **"新工作簿"单选项**｜选中该单选项，将新建工作簿来显示分析结果。
- **"汇总统计"复选框**｜选中该复选框，分析结果中将包含平均值、标准误差、中位数、众数、标准差、方差、峰度、偏度、区域、最小值、最大值、求和、观测数等相关指标的数据。
- **"平均数置信度"复选框**｜选中该复选框，可在右侧的文本框中进一步设置置信度的数据。置信度是指总体参数值落在样本统计值某个区域内的概率，一般来说，该参数常设置为"90%"或"95%"。
- **"第 K 大值"复选框**｜选中该复选框，并在右侧的文本框中输入组数，将输出该组的最大值。
- **"第 K 小值"复选框**｜选中该复选框，并在右侧的文本框中输入组数，将输出该组的最小值。

【实验室】分析农产品销售情况

某合作社为了了解其下农产品 6 月的销售情况，选取了 6 月 5 日至 6 月 27 日的销量数据，下面借助 Excel 的描述统计功能对该组数据进行分析，其具体操作如下所示。

分析农产品销售情况

（1）打开"描述统计.xlsx"工作簿（配套资源：素材\第 4 章\描述统计.xlsx），在【数据】→【分析】组中单击 数据分析 按钮，打开"数据分析"对话框，在"分析工具"列表框中选择"描述统计"选项，单击 确定 按钮，如图 4-55 所示。

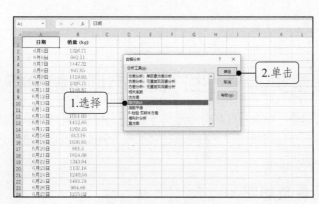

图 4-55｜选择分析工具

（2）打开"描述统计"对话框，将输入区域指定为 B1:B24 单元格区域，选中"逐列"单选项，选中"标志位于第一行"复选框。将输出区域指定为 E1 单元格，选中"汇总统计"复选框和"平均数置信度"复选框，将置信度设置为"95%"，单击 确定 按钮，如图 4-56 所示。

（3）选择 E1:F16 单元格区域，在【开始】→【字体】组中将字体设置为"方正兰亭刊宋简体"，字号设置为"12"，在"对齐方式"组中依次单击"垂直居中"按钮 ≡ 和"居中"按钮 ≡，最后适当调整列宽即可（配套资源：效果\第 4 章\描述统计.xlsx），如图 4-57 所示。由此可见，在该段时期合作社农产品的平均销量为 1203.10kg，中位数为 1188.87kg，众数为 1326.71kg。由于峰度小于 0，偏度大于 0，因此数据分布形态呈平阔峰的正偏态分布，说明产品销量在后期有所下降。

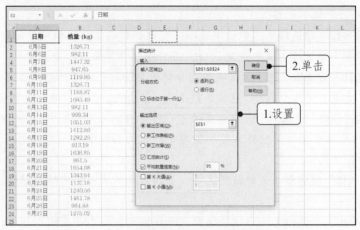

图 4-56 | 设置描述统计参数

图 4-57 | 分析统计结果

 # 4.4　课堂实训——生产资料市场价格分析

本章介绍了集中趋势、离散程度和分布形态等数据描述性统计的计算方法，并通过大量案例说明了这些指标的分析与应用操作。下面将通过对生产资料的市场价格进行分析，让读者进一步巩固所学到的相关知识。

4.4.1　实训目标及思路

某企业专注于黑色金属类生产资料的经营业务，为了更好地调整经营策略，企业相关人员从国家统计局采集了相关黑色金属类生产资料 1 月至 5 月的市场价格数据。下面需要通过描述性统计来分析这些生产资料的价格变动情况，具体操作思路如图 4-58 所示。

图 4-58 | 描述性统计分析思路

4.4.2　操作方法

本实训的具体操作如下所示。

（1）打开"生产资料.xlsx"工作簿（配套资源：素材\第 4 章\生产资料.xlsx），在【数据】→【分析】组中单击 数据分析按钮，打开"数据分析"对话框，在"分析工具"列表框中选择"描述统计"选项，单击 确定 按钮。打开"描述统计"对话框，将输入区域指定为 B2:G17 单元格区域，选中"逐列"单选项，选中"标志位于第一行"复选框。将输出区域指定为 A19 单元格，选中"汇总统计"复选框和"平均数置信度"复选框，将置信度设置为"95%"，单击 确定 按钮，如图 4-59 所示。

生产资料市场价格
分析

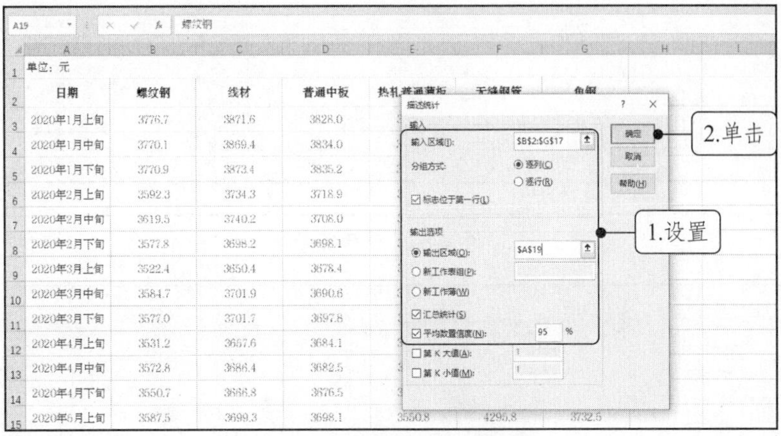

图 4-59 | 设置描述统计参数

（2）按住【Ctrl】键，同时加选 A35、C35、E35、G35、I35 和 K35 单元格，输入"极差"后按【Ctrl+Enter】组合键，同时在所选的单元格中输入相同数据，如图 4-60 所示。

图 4-60 | 输入文本

（3）选择 B35 单元格，在编辑栏中输入"=B31-B30"，按【Ctrl+Enter】组合键计算螺纹钢市场价格的极差，如图 4-61 所示。

（4）按【Ctrl+C】组合键复制 B35 单元格中的数据，依次粘贴到 D35、F35、H35、J35 和 K35 单元格中，计算其他生产资料的极差，部分数据如图 4-62 所示。

（5）利用【Ctrl】键加选 A36、C36、E36、G36、I36 和 K36 单元格，输入"四分位差"后按【Ctrl+Enter】组合键，同时在所选的单元格中输入相同数据，部分数据如图 4-63 所示。

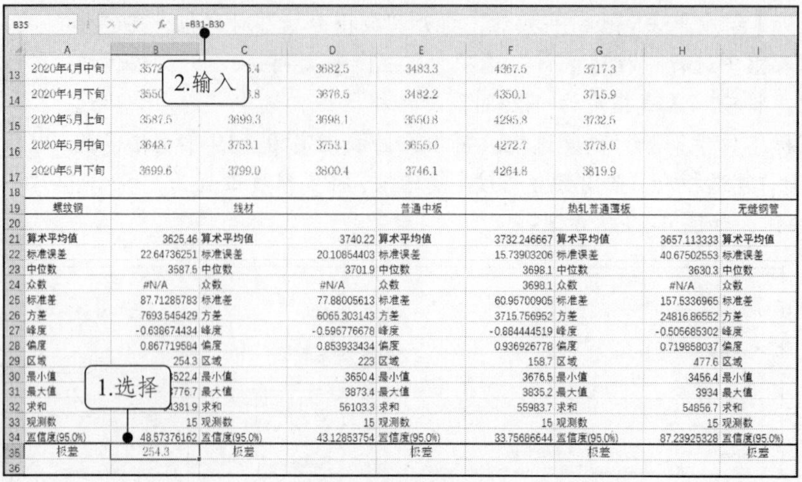

图 4-61 | 计算极差

图 4-62 | 计算其他生产资料的极差

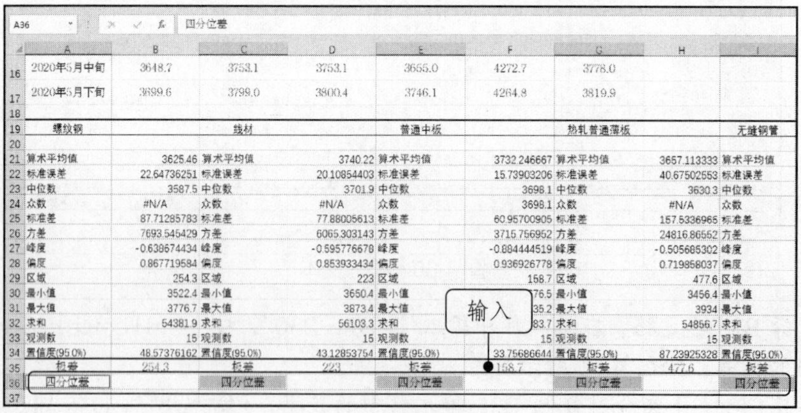

图 4-63 | 继续输入文本

（6）选择 B36 单元格，在编辑栏中输入"=QUARTILE.INC(B3:B17,3)"，计算市场价格的下四分位数，如图 4-64 所示。

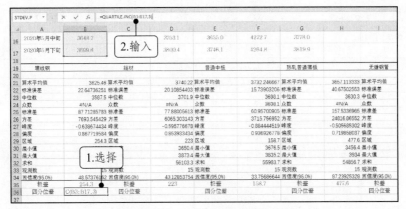

图 4-64｜应用 QUARTILE.INC 函数

（7）继续在公式中输入"-QUARTILE.INC(B3:B17,1)"，用下四分位数减去上四分位数来得到四分位差，如图 4-65 所示。

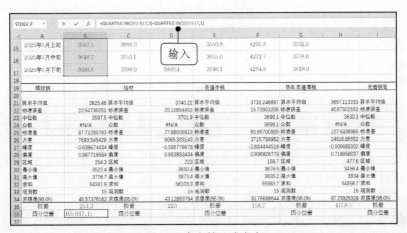

图 4-65｜完善公式内容

（8）按【Ctrl+Enter】组合键返回结果，此处显示"####"错误的原因在于数据的小数位数过多，后面将统一调整数据格式，这里暂不做处理，如图 4-66 所示。

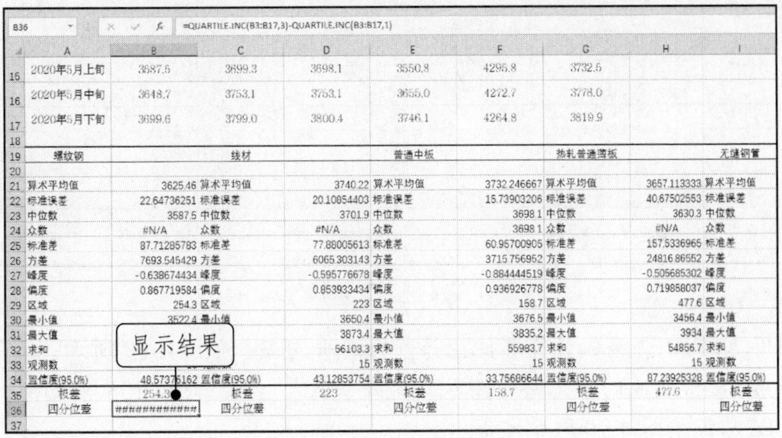

图 4-66｜计算四分位差

（9）利用"四分位差=下四分位数−上四分位数"的公式计算其他生产资料的四分位差数据，如图 4-67 所示。

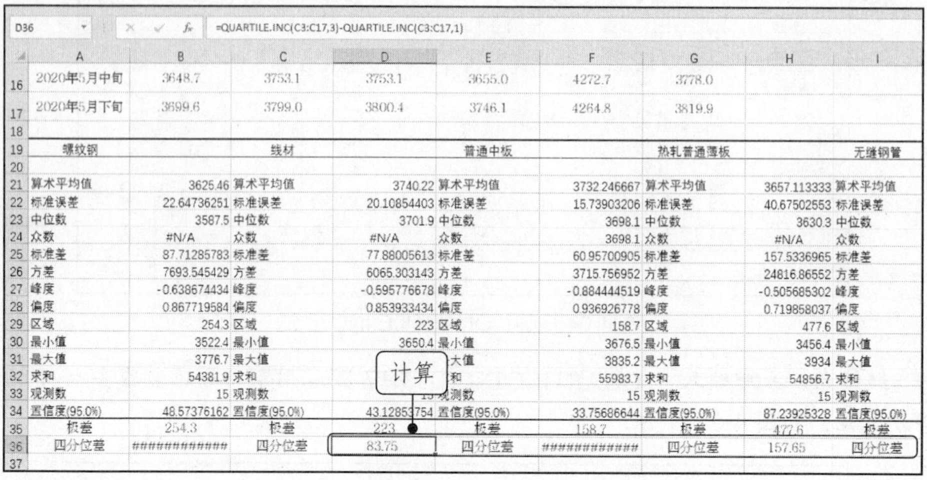

图 4-67 | 计算其他生产资料的四分位差

专家点拨

由于引用的单元格区域位置是连续的，而目标单元格的位置是间隔的，根据相对引用的原理，这里不能直接通过复制公式来快速计算其他生产资料的四分位差。

（10）继续在第 37 行相应的单元格中输入"平均差"，然后选择 B37 单元格，在编辑栏中输入"=AVEDEV(B3:B17)"，如图 4-68 所示。

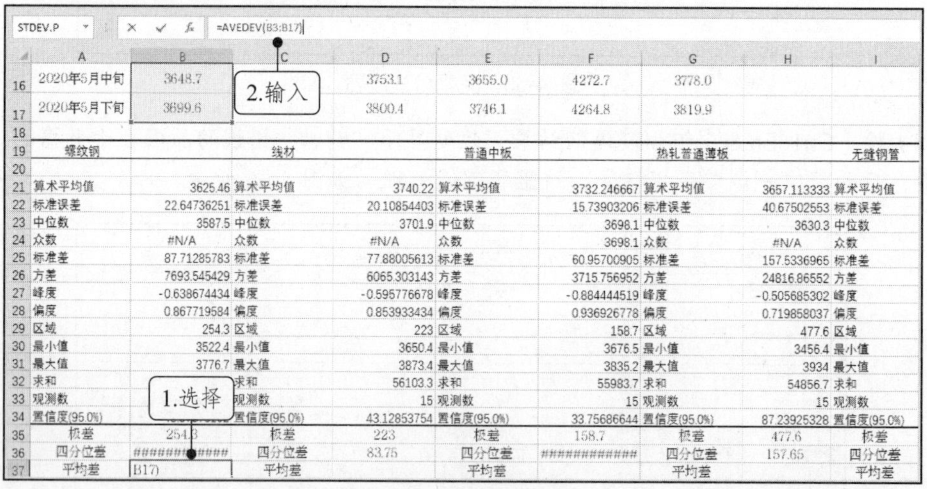

图 4-68 | 输入文本和公式

（11）利用 AVEDEV 函数计算其他生产资料的平均差，如图 4-69 所示。

（12）在第 38 行相应的单元格中输入"变异系数"，然后选择 B38 单元格，在编辑栏中输入"=B25/B21"，如图 4-70 所示。

图 4-69 | 计算其他生产资料的平均差

图 4-70 | 继续输入文本和公式

（13）将 B38 单元格中的公式复制到 D38、F38、H38、J38 和 L38 单元格中，计算其他生产资料的变异系数，部分数据如图 4-71 所示。

图 4-71 | 计算其他生产资料的变异系数

（14）选择 B17 单元格，在【开始】→【剪贴板】组中单击 格式刷 按钮，然后选择 A19:L38 单元格区域，将 B17 单元格的格式应用到所选单元格区域中，部分数据如图 4-72 所示。

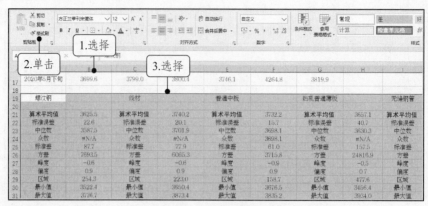

图 4-72 | 复制单元格格式

（15）同时选择 B38、D38、F38、H38、J38 和 K38 单元格，在【开始】→【数字】组中依次单击"百分比样式"按钮 % 和"增加小数位数"按钮，将数据类型设置为包含 1 位小数的百分比数据，如图 4-73 所示。

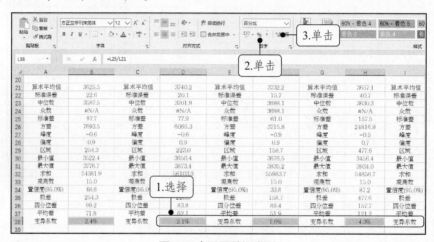

图 4-73 | 设置数据类型

（16）同时选择 B19:B38 单元格区域、D19:D38 单元格区域、F19:F38 单元格区域、H19:H38 单元格区域、J19:J38 单元格区域、L19:L38 单元格区域，单击【开始】→【字体】组中的"边框"按钮 右侧的下拉按钮，在弹出的下拉列表中选择"右框线"选项，如图 4-74 所示。

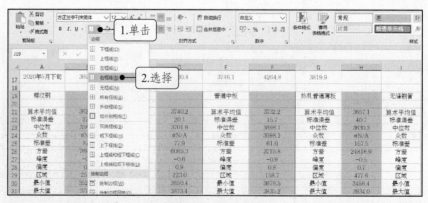

图 4-74 | 添加边框

（17）选择 A19:B20 单元格区域，在"对齐方式"组中单击 合并后居中 按钮，合并所选单元格区域，如图 4-75 所示。

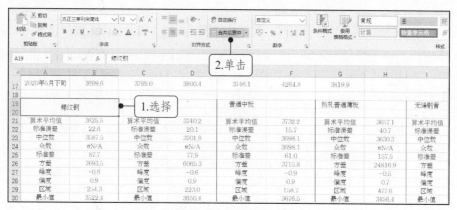

图 4-75｜合并单元格区域

（18）合并其他生产资料名称所在的单元格区域，然后按【Ctrl+B】组合键加粗合并后的文本即可（配套资源：效果\第 4 章\生产资料.xlsx），如图 4-76 所示。此后便可利用算术平均值、中位数、众数来分析各生产资料市场价格的集中趋势；利用极差、四分位差、平均差、方差、标准差、变异系数来分析各生产资料市场价格的离散程度；利用偏度和峰度来分析各生产资料市场价格的分布形态，最终掌握其市场价格的数据特征。

图 4-76｜合并加粗文本

 ## 4.5　课后练习

（1）集中趋势、离散程度和分布形态，分别统计的是数据的哪种特征？

（2）简述算术平均值、中位数和众数的区别。

（3）离散程度的统计指标有哪些？

（4）平均差和方差有什么相同点和不同点？

（5）既然存在方差这个指标，为什么还需要使用标准差？

（6）变异系数是什么？该指标有什么优势？

（7）什么是偏度？什么是峰度？

（8）打开“超市人数统计.xlsx”工作簿（配套资源：素材\第 4 章\超市人数统计.xlsx），对数据进行描述性统计，计算出本章介绍的所有指标，然后尝试分析数据的特征，如图 4-77 所示（配套资源：效果\第 4 章\超市人数统计.xlsx）。

（提示：使用 Excel 描述统计功能时，注意选择按“逐行”的分组方式进行设置。）

	A	B	C	D	E	F	G	H	I	J	K
1	指标	2018年	2017年	2016年	2015年	2014年	2013年	2012年	2011年	2010年	2009年
2	便利店年末从业人数(万人)	10.05	8.99	8.42	8.35	7.81	7.37	6.95	7.1	7.5	9.28
3	折扣店年末从业人数(万人)	0.09	0.16	0.2	0.21	0.21	0.3	0.44	0.81	0.7	0.8
4	超市年末从业人数(万人)	40.35	41.98	41.98	43.54	44.46	46.72	48.65	58.95	49.9	48.86
5	大型超市年末从业人数(万人)	45.14	46.99	53.55	55.95	56.18	55.64	53.16	33.28	38.6	32.66
6	仓储会员店年末从业人数(万人)	1.31	1.32	1.25	1.46	1.53	1.62	1.4	5.94	1.2	1.45
7	百货店年末从业人数(万人)	25.12	27.92	26.33	26.38	25.81	27.68	25.51	26.54	25	23.86
8	专业店年末从业人数(万人)	88.68	84.8	90.01	92.81	94.31	93.49	93.79	96.34	83.1	75.29
9	加油站年末从业人数(万人)	23.81	24.51	27.83	28.98	29.73	28.62	25.98	31.66	28.5	26.01
10	专卖店年末从业人数(万人)	23.39	17.38	17.59	14.13	14.56	16.1	17.43	16.75	16.9	16.06
11	家居建材商店年末从业人数(万人)	0.23	0.26	0.27	0.29	0.4	0.36	0.39	0.78	0.7	0.95
12	厂家直销中心年末从业人数(万人)	0.42	0.4	0.37	0.4	0.38	0.12		0.05	0.1	0.1
13	其他业态连锁零售企业年末从业人数(万人)	4.21	4.72	5.02	4.56	4.51	6.57	8.59	2.51	1.4	1.56
14											
15											
16											

图 4-77｜超市人数统计

第 5 章

抽样估计分析

【学习目标】

- ➢ 了解抽样的常用方法
- ➢ 熟悉抽样分布的基本概念
- ➢ 掌握样本统计量的抽样分布
- ➢ 熟悉参数估计与样本量的确认方法

如果需要分析的总体无法全部测度，或者由于人力、物力、财力、时间等各方面原因，不适合对总体进行全部测度时，就需要使用抽样估计的方法来分析数据。这种方法简单来说就是通过样本统计量来估计总体参数，最终实现对总体情况的测度。

5.1 抽样与抽样估计概述

抽样是指从需要分析的总体中抽取一部分作为样本的行为，其目的是对样本进行分析、研究，通过抽样估计来推断总体的情况。

5.1.1 抽样的方法

抽样的好坏，直接决定抽样估计的质量。因此对总体进行抽样时，应当尽量抽取具有代表性的样本，要想保证得到这样的样本，抽样时可以遵循一定的操作方法。总体来说，抽样分为随机抽样和非随机抽样，随机抽样又可以分为简单随机抽样、系统抽样、分层抽样、整群抽样、多阶段抽样等，如图 5-1 所示。这里重点介绍随机抽样中常见的 5 种抽样方法。

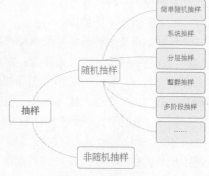

图 5-1 | 抽样的方法

专家点拨

随机抽样是指总体中的每个对象都有同等被抽出的可能，是一种完全依照机会均等的原则进行的抽样方法；非随机抽样则是根据抽样人员自身的专业知识、经验、态度或观点来抽取样本的抽样方法。

1．简单随机抽样

简单随机抽样适用于总体数量较少，或总体数量虽然大，但数据比较集中且便于抽选的情况。具体来看，简单随机抽样可以分为重复抽样和不重复抽样两种。

（1）重复抽样

重复抽样也叫回置抽样，指的是每次抽出一个样本并登记后，再将该样本重新放回总体中，然后重新进行第 2 次抽取，如此反复，直至抽出的样本数达到预期的数量。在这种情况下，总体中的每一个样本都有被重复抽出的可能，每个样本被抽出的概率都相等。

例如，采用重复抽样方法从总体 50 个单位中随机抽出 10 个单位构成样本，这就表示需要连续抽取 10 次，每抽出一个单位并记录其编号后，将该单位放回总体中再进行下一次抽样，最终抽得 10 个单位构成一个样本，每个样本单位被抽中的概率都是 1/50。

（2）不重复抽样

不重复抽样也叫不回置抽样，即每次抽出一个样本单位并登记后，就不再将该单位重新放回总体中参加下一次抽样。这样，每一个样本单位只有一次被抽中的可能，也就是说，最终得到的样本中不会重复出现同一个单位。同时，样本中的每个单位被抽取的概率是不同的，其被抽取的概率会逐渐增大。

例如，采用不重复抽样方法从总体 50 个单位中随机抽出 10 个单位构成样本，这就表示需要连续抽取 10 次，每抽出一个单位并记录其编号后，就不再将该单位重新放回总体中，然后进行下一次抽样，最终抽得 10 个单位构成一个样本，被抽出的单位按抽出的先后顺序被抽中的概率依次为 1/50，1/49，1/48，…，1/41。

专家点拨

不重复抽样的误差小于重复抽样的误差，因此在实际抽样时通常采用不重复抽样的方法来抽取样本。

2．系统抽样

系统抽样又叫等距抽样，是指将总体各单位按一定的规则排列，然后按相等的距离或间隔抽出样本单位的一种抽样方法。具体而言，系统抽样又有等概率系统抽样和不等概率系统抽样之分。

（1）等概率系统抽样

等概率系统抽样是指每个单位被抽出的概率是相等的，如果总体单位的大小差异较小，则适合使用这种抽样方法，其操作为：将总体的 N 个单位按某种规则排列编号，再将总体进行等分，抽样间隔为 k，然后在规定的范围内随机确定一个起始点，每隔 k 个单位（由总体除以样本数来确定）就抽出一个作为样本单位，直至抽足需要的样本量即可。

例如，采用等概率系统抽样的方法从总体 50 个单位中随机抽出 5 个单位构成样本。首先就需要将 50 个单位编号，确定抽样间隔为 10（50/5），即每 10 个为 1 组，每一组抽出一个单位，最终组成所需的样本。假设抽样的起点随机确定为 2，则依次抽出的单位分别为 2，12（2+1×10），22（2+2×10），32（2+3×10），42（2+4×10）。

专家点拨

如果总体包含一定的周期性，则应避免使用等概率系统抽样方法，如抽取电风扇的销售量时，该商品的销售情况具有明显的周期性，夏季的销售量往往远高于其他季节，则抽取的样本中，有的数据会特别大，有的数据则会特别小，使得样本缺乏代表性。

（2）不等概率系统抽样

不等概率系统抽样与等概率系统抽样相比，这种方法会根据总体单位的大小差异，采用累加的方式找到对应的单位，并将其抽出来组成样本。也就是说，不等概率系统抽样适用于总体大小差距较大的情况，是国际上非常流行的抽样方法。

采用不等概率系统抽样，需要对总体单位按大小排序，然后对总体的所有单位进行累加，将累加的结果 M_0 除以样本数得到间距 k，然后随机确定一个小于或等于间距的抽样起点 r，则 r，$r+k$，$r+2k$，$r+3k$，$\cdots$，$r+nk$ 对应的总体单位，便是应当抽取的样本单位，最终组成需要的样本。

例如，采用不等概率系统抽样方法从 10 家电视台中随机抽取 4 家进行收视率分析。这 10 家电视台的收视率分别为 0.021，0.069，0.027，0.077，0.285，0.180，0.260，0.023，0.107，0.199。这一组数据中，最小的为 0.021，最大的为 0.285，总体差异较大。

按照不等概率系统抽样方法来操作，首先需要将这一组数据按大小顺序编号，计算出 10 家电视台累计的收视率，即 M_0=1.248；然后确定抽样间距，即 k=1.248/4=0.312；接着随机确定一个小于 0.312 的抽样起点，假设该起点值为 0.035，则 0.035，0.347（0.035+0.312），0.659（0.035+2×0.312）和 0.971（0.035+3×0.312）这 4 个累计收视率对应的 4 家电视台，最终组成本次抽样所需的样本，如表 5-1 所示。

表 5-1　不等概率系统抽样表

电视台编号	收视率	累计收视率	假设抽样起点抽取的累计收视率	是否抽中
1	0.021	0.021	—	
2	0.023	0.044	0.035	是
3	0.027	0.071	—	
4	0.069	0.140	—	
5	0.077	0.217	—	
6	0.107	0.324	—	
7	0.180	0.504	0.347	是
8	0.199	0.703	0.659	是
9	0.260	0.963	—	
10	0.285	1.248	0.971	是

3. 分层抽样

分层抽样也叫类型抽样，是指先将总体单位按相关规则分为若干层，然后在各层中按随机原则抽出一定数量的单位构成样本的方法。与简单随机抽样相比，分层抽样无须对总体进行编号或排序，而是直接将相互差异程度较小的单位集中在一个层内，突出层与层之间的差异，不仅减少了工作量，而且确保了样本在各层之间分布的均匀性，提高了样本的代表性。

分层抽样的常用方法有两种，分别为比例分层抽样和加权比例分层抽样。

（1）比例分层抽样

比例分层抽样法是指按照每层单位数在总体中所占的比例抽出样本单位，这种方法往往会结合简单随机抽样，适用于层与层之间差异程度大，但各层内部差异程度小的总体。

假设总体单位数量为 N，N_i 为每层的总体单位数，$\dfrac{N_i}{N}$ 为总体中各层单位数占总体单位数的比重，n 为应抽取的样本单位总数，k 为分层后的层数，则各层应抽取的样本单位数 n_i 的计算公式如下所示。

$$n_i = \frac{N_i}{N} \cdot n \quad (i = 1, 2, 3, \cdots, k)$$

例如，某运动鞋共有 100 种型号，按这些商品的销量大小将销售量分为大、中、小 3 层，各层运动鞋型号的数量占总体的比例分别为 20%、30%、50%，若要从这 100 种型号中抽出 40 个型号构成样本，以分析运动鞋的销售数据，则首先应确定各层应该抽出的样本数，然后再在各层中使用简单随机抽样法抽取相应数量的样本单位，最终将 3 个层所抽出的所有样本单位组成本次所需的样本即可。

因此，这里首先就需要按比例确定不同销量层包含的样本数量，即：销售量为大的层包含的样本数量为 8 个（20%×40）；销售量为中的层包含的样本数量为 12 个（30%×40）；销售量为小的层包含的样本数量为 20 个（50%×40）。

（2）加权比例分层抽样

如果对总体分层后，出现各层内部数据差异也较大的情况时，就可以使用加权比例抽样的方法抽取样本。这种方法以每层的单位数与层内的标准差相结合来作为权数，以确定每层应抽出的样本数。

假设 为应抽取的样本单位总数，W_i 为各层单位数占总体单位数的比重，s_i 为各层内部的标准差，则各层应抽取的样本单位数 n_i 的计算公式如下所示。

$$n_i = n \cdot \frac{W_i \cdot s_i}{\sum W \cdot s}$$

例如，调查某地高校教学质量时，按招生分数将当地所有高校分为重点学校、准重点学校和普通学校 3 层，已知各层学校数量占当地所有学校数量的比重 W_i，以及各层内学校招生分数的标准差 s_i，则可以得到 $W_i \cdot s_i$ 和 $\sum W \cdot s$ 的数据，具体如表 5-2 所示。

表 5-2　加权比例分层抽样表

分层	各层比重 W_i（%）	各层标准差 s_i	$W_i \cdot s_i$
重点学校	5	206	10.3
准重点学校	35	78	27.3
普通学校	60	105	63
合计	100	—	100.6

若需要在当地抽取 20 所高校构成样本，则每层应抽取的样本单位数分别如下所示。

重点学校应抽取的样本数=20×(10.3/100.6)≈2

准重点学校应抽取的样本数=20×(27.3/100.6)≈5

普通学校应抽取的样本数=20×(63/100.6)≈13

4. 整群抽样

整群抽样是指将所有总体单位分割为若干群组，然后从中随机抽取一部分群，对这些群中的所有单位进行统计分析的方法。与分层抽样不同，分割后群内的单位，应该尽可能地具有不同的属性，尽可能代表总体的情况。如果总体容量很大且分散，就适合使用整群抽样的方法来节省抽样成本。例如，调查一线城市的居民生活质量，就可以将多个一线城市分割为不同的群，选取其中一个群进行居民生活质量调查。

5. 多阶段抽样

多阶段抽样又叫多级抽样，是指在抽取样本时，分为两个及两个以上的阶段从总体中抽取样本的方法。以上述一线城市为例，第一阶段抽取了某个一线城市后，可以进一步按区县将该城市总体分割为不同的群，并选择其中的某个区县做进一步分析。

专家点拨

多阶段抽样由于增加了抽样阶段，就必然会增加估计误差，用样本对总体的估计也变得更为复杂，一般只适用于规模较大的抽样工作。

5.1.2 抽样分布中涉及的基本概念

在介绍抽样分布的概念和内容之前，下面先介绍其中几种重要的概念术语，掌握它们的内容后，可以更好地理解抽样分布的原理和分析方法。这里重点介绍样本容量、样本个数、总体参数和样本统计量的基本概念。

1. 样本容量和样本个数

样本容量也叫样本量，指的是样本中所包含的单位数量，通常用 n 表示；样本个数则是指从总体中可能抽取的样本组合数。这里需要注意，采取不同的抽样方法，得到的样本个数可能是不同的。例如，从总体 N 个单位中，随机抽取 n 个单位构成一个样本，如果采用重复抽样的方法，则可以抽取的样本个数为 N^n，如果采用不重复抽样的方法，则可以抽取的样本个数为 $\dfrac{N!}{n!(N-n)}$。假设总体包含 5 个单位，如果采用重复抽样的方法抽取容量为 2 的样本，则可能的样本个数 $N^n=5^2=25$ 个；如果采用不重复抽样的方法抽取容量为 2 的样本，则可能的样本个数 $\dfrac{N!}{n!(N-n)}=\dfrac{5\times4\times3\times2\times1}{2\times(3\times2\times1)}=10$ （个）。

2. 总体参数与样本统计量

总体参数主要用来描述总体的数量特征值，包括总体均值 μ、总体比例 π 和总体标准差 σ 等，如图 5-2 所示。

样本统计量主要用来描述样本的数量特征值，包括样本均值 $\bar{x}$、样本比例 p 和样本标准差 s 等，如图 5-3 所示。

图 5-2 | 总体参数中涉及的参数变量　　图 5-3 | 样本统计量中涉及的参数变量

通常情况下，由于总体数据无法全部得到，因此总体参数是未知的。相反，样本数据是可以得到的，而样本统计量可以计算出来。因此，往往会用样本均值来估计总体均值，用样本比例来估计总体比例，用样本标准差来估计总体标准差，最终获取总体数据的情况。

下面将这些参数变量的计算公式汇总到表 5-3 中。

表 5-3　总体参数与样本统计量的计算公式

参数	总体	样本
均值	$\mu=\dfrac{\sum X}{N}$	$\bar{x}=\dfrac{\sum x}{n}$
均值的标准差	$\sigma_x=\sqrt{\dfrac{\sum(X-\mu)^2}{N}}$	$s_x=\sqrt{\dfrac{\sum(x-\bar{x})^2}{n-1}}$

参数	总体	样本
比例	$\pi = \dfrac{N_1}{N}$ ；$1 - \pi = \dfrac{N_0}{N}$	$p = \dfrac{n_1}{n}$ ；$1 - p = \dfrac{n_0}{n}$
比例的标准差	$\sigma_p = \sqrt{\pi \cdot (1 - \pi)}$	$s_p = \sqrt{p \cdot (1 - p)}$

注：N_1和n_1分别代表总体和样本中具有某种属性的单位数；N_0和n_0分别代表总体和样本中不具有某种属性的单位数。

例如，某集团人事部经理整理了所有 2500 位中层干部的档案，需要分析集团所有中层干部的平均年薪，以及其中参加过集团人才培训计划的比例。很明显，通过对所有中层干部的年薪数据进行计算，就能轻易求得总体均值和总体标准差。

假设总体均值 μ=51800，总体标准差 σ=4000，且其中参加过集团人才培训计划的人数为 1500 人，则总体比例 p=1500/2500 =0.6。此时可以说，总体均值 51800、总体标准差 4000、总体比例 0.6，便是该中层干部数据总体的参数。

5.1.3　样本统计量的抽样分布

抽样分布是指从总体中随机抽取容量为 n 的样本时，所有可能的样本统计量的频率分布。假设从容量为 N 的总体中随机抽取容量为 n 的样本，产生 k 个可能样本，并可以计算 k 个样本统计量时，则将 k 个样本统计量的取值及其出现的频率依次排列，就得到了样本统计量的频率分布，这就是抽样分布，或称样本统计量的抽样分布。

专家点拨

现实中是不可能将所有可能的样本都抽取出来的，因此样本统计量的抽样分布实际上是一种理论分布，大多数情况下这种理论分布均服从正态分布或近似为正态分布。

1．样本均值的抽样分布

将样本平均数的全部可能取值与其出现的频率依次排列，便形成样本均值的抽样分布。同样假设总体包含 5 个单位，分别为 1，2，3，4，5，如果采用重复抽样的方法抽取容量为 2 的样本，则采取重复抽样和不重复抽样的结果，如表 5-4 所示。

表 5-4　样本及样本均值统计表

项目	重复抽样	不重复抽样
样本个数 k	25	10
所有可能的样本	1，1　2，1　3，1　4，1　5，1 1，2　2，2　3，2　4，2　5，2 1，3　2，3　3，3　4，3　5，3 1，4　2，4　3，4　4，4　5，4 1，5　2，5　3，5　4，5　5，5	1，2　2，3　3，4　4，5 1，3　2，4　3，5 1，4　2，5 1，5
样本均值 $\bar{x}$	1.0　　1.5　　2.0　　2.5　　3.0 1.5　　2.0　　2.5　　3.0　　3.5 2.0　　2.5　　3.0　　3.5　　4.0 2.5　　3.0　　3.5　　4.0　　4.5 3.0　　3.5　　4.0　　4.5　　5.0	1.5　　2.5　　3.5　　4.5 2.0　　3.0　　4.0 2.5　　3.5 3.0

在重复抽样的条件下，每个样本被抽中的概率相同，均为 1/25；在不重复抽样的条件下，每个样本被抽中的概率不同。下面以样本均值为参考标准，汇总出该样本均值对应的样本个数和被抽中的概率，如表 5-5 所示。

表 5-5　样本个数及被抽中的概率汇总

重复抽样			不重复抽样		
样本均值 $\bar{x}$	样本个数	抽中概率	样本均值 $\bar{x}$	样本个数	抽中概率
1.0	1	1/25	1.5	1	1/10
1.5	2	2/25	2.0	1	1/10
2.0	3	3/25	2.5	2	2/10
2.5	4	4/25	3.0	2	2/10
3.0	5	5/25	3.5	2	2/10
3.5	4	4/25	4.0	1	1/10
4.0	3	3/25	4.5	1	1/10
4.5	2	2/25			
5.0	1	1/25			
合计	25	1.0	合计	10	1.0

将重复抽样和不重复抽样的样本均值的抽样分布以图形显示，可得到图 5-4 所示的结果。

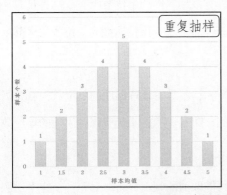 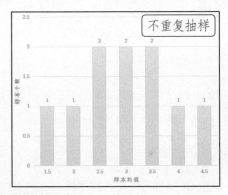

图 5-4｜样本均值的抽样分布

通常来说，样本均值的抽样分布的形状与总体的分布有关，如果总体是正态分布，样本均值也服从正态分布；如果总体分布是非正态分布，则会出现以下情况。

• 当样本容量大于或等于 30 时，称该样本为大样本，此时无论总体的分布如何，样本均值的分布趋于服从正态分布。

• 当样本容量小于 30 时，样本均值的分布不服从正态分布。

对于样本均值的抽样分布而言，其特征主要取决于数学期望和方差这两个变量。

（1）数学期望是指实验中每次可能结果的概率乘以其结果的总和，它可以反映随机变量平均取值的大小，是最基本的数学特征之一。假设总体包含 N 个单位，其均值为 μ，方差为 σ^2，从中抽取容量为 n 的样本，则样本均值的数学期望 $E(\bar{x})$ 的计算公式如下所示。

$$E(\bar{x}) = \bar{\bar{x}} = \bar{X} = \mu$$

（2）在重复抽样的条件下，样本均值的方差和标准差的计算公式如下所示。

$$\text{方差：} \ \sigma_{\bar{x}}^2 = \frac{\sigma^2}{n} \qquad \text{标准差：} \ \sigma_{\bar{x}} = \frac{\sigma}{\sqrt{n}}$$

在不重复抽样的条件下，样本均值的方差和标准差的计算公式如下所示。

$$方差：\sigma_{\bar{x}}^2 = \frac{\sigma^2}{n} \cdot \frac{N-n}{N-1} \qquad 标准差：\sigma_{\bar{x}} = \frac{\sigma}{\sqrt{n}} \sqrt{\frac{N-n}{N-1}}$$

此时，样本均值的抽样分布可以记作作 $\bar{x} \sim N\left(\mu, \frac{\sigma^2}{n}\right)$，读作：样本均值 $\bar{x}$ 服从均值为 μ、方差为 $\frac{\sigma^2}{n}$ 的正态分布。

专家点拨

对于无限总体而言，样本均值的方差，不重复抽样也可按重复抽样来处理；对于有限总体而言，如果 N 很大且 $\frac{n}{N}$ 很小时，修正系数 $\frac{N-n}{N-1}$ 会趋于 1，此时不重复抽样也可按重复抽样来处理。

2. 样本比例的抽样分布

将样本比例的全部可能取值与其出现的频率依次排列，便形成样本比例的抽样分布。在实际工作中，会经常用样本比例 p 去推断总体比例 π。

假设总体中具有某种属性的单位数为 N_1，不具有该种属性的单位数为 N_0，则将具有某种属性的单位数与全部单位数之比称为总体比例，即 $\pi = \frac{N_1}{N}$；不具有该种属性的单位数与全部单位数之比则为 $1-\pi = \frac{N_0}{N}$。

相应的，假设样本中具有某种属性的单位数为 n_1，不具有该种属性的单位数为 n_0，则将具有某种属性的单位数与样本单位数之比称为样本比例，即 $p = \frac{n_1}{n}$；不具有该种属性的单位数与样本单位数之比则为 $1-p = \frac{n_0}{n}$。

样本比例的抽样分布是指样本比例 p 的所有可能取值的频率分布。对于一个样本比例，假设 $n \cdot p \geq 5$ 且 $n \cdot (1-p) \geq 5$ 时，就可以认为样本容量足够大，此时样本比例 p 的抽样分布就近似于正态分布，其数学期望、方差和标准差的计算公式分别如下所示。

$$样本比例 p 的数学期望：E(p) = p = \pi$$

$$重复抽样条件下的方差：\sigma_p^2 = \frac{\pi(1-\pi)}{n}，标准差：\sigma_p = \sqrt{\frac{\pi(1-\pi)}{n}}$$

$$不重复抽样条件下的方差：\sigma_p^2 = \frac{\pi(1-\pi)}{n} \cdot \frac{N-n}{N-1}，标准差：\sigma_p = \sqrt{\frac{\pi(1-\pi)}{n}} \cdot \sqrt{\frac{N-n}{N-1}}$$

【实验室】抽样分析小区物业费缴纳情况

某小区物业今年收到的物业费缴纳数量约占整个小区业主数量的 70%，现从所有业务中随机抽取 100 户，试分析物业费缴纳的抽样分布情况。

首先分析样本是否属于大样本。由于 $n=100$，$p=70\%$，所以 $n \cdot p = 100 \times 0.7 = 70 > 5$。同时，$n \cdot (1-p) = 100 \times (1-0.7) = 30 > 5$。所以可以认为该样本容量足够大，属于大样本，从而其分布情况可以用正态分布来描述。此时可以分别计算出样本比例的数学期望和抽样方差。

$$样本比例的数学期望：E(p) = p = 0.7$$

$$样本比例的抽样方差：\sigma_p{}^2 = \frac{\pi(1-\pi)}{n} = \frac{0.7 \times 0.3}{100} = 0.0021$$

因此可以说，该案例的样本比例 p 服从均值为 0.7、方差为 0.0021 的正态分布，记作 $p \sim N(0.7, 0.0021)$。

 ## 5.2 参数估计与样本量的确认

参数估计是一种利用样本估计总体的具体方法，按估计形式的不同，可以分为点估计和区间估计两种。本节内容便将详细介绍参数估计的方法，同时还将介绍样本量的确认方法。

5.2.1 点估计

点估计是用某一个样本统计量的值作为总体参数的估计值。例如，直接用样本均值 $\bar{x}$ 作为总体均值 μ 的估计值；直接用样本比例 p 作为总体比例 π 的估计值；直接用样本标准差 s 作为总体标准差 σ 的估计值等。

某商业区对 1000 位在职白领每月支出水平的调查表明，其月平均支出是 1950 元，支出水平的标准差是 562 元。按照点估计的方法，则可以用 1000 位在职白领的月平均支出额 1950 元作为该商业区所有白领月平均支出水平的估计值。

对同一总体参数而言，可以存在多个不同的点估计值。因此，要想更好地估计总体参数，就需要选择更优质的点估计值。具体而言，使用好的样本统计量作为总体参数的点估计值，这个点估计值一般具有无偏性、有效性和一致性等特征。

- **无偏性** | 无偏性是指用来估计总体参数的样本统计量，其分布是以总体参数真值为中心的，在一次具体的抽样估计中，估计值或大于或小于总体参数，但在多次重复抽样估计的过程中，所有估计值的平均数应该等于待估计的总体参数。

- **有效性** | 有效性是指在同一总体参数的两个无偏估计量中，方差越小的估计量对总体参数的估计越准确。

- **一致性** | 一致性是指随着样本容量的增加，点估计值的大小越来越接近总体参数的真值，即一个大样本给出的估计量比一个小样本给出的估计量更接近总体参数。

5.2.2 区间估计

点估计的优点是简单明了，缺点则是无法判断其可靠性，实际工作中进行的抽样估计一般是区间估计。

1. 区间估计

区间估计是指在给定置信水平 $(1-\alpha)$ 的条件下，以点估计值为中心构建总体参数的一个估计区间（或置信区间）。它不同于点估计，不能确定总体参数具体的值，但可以确定用多大概率（即置信水平）保证置信区间包含总体参数的问题。

2. 置信区间

置信区间即在一定置信水平下总体参数的估计区间，区间中的最小值称为置信下限，最大值称为置信上限。置信区间可以表示为"点估计值 ± 边际误差"，如图 5-5 所示。

图 5-5 | 置信区间示意图

3. 边际误差

边际误差也叫抽样极限误差或允许误差，是指在抽样估计时，根据分析对象的变异程度和具体要求确定的可允许的误差范围，它等于样本统计量可允许变动的上限或下限与总体参数之差的绝对值。决定边际误差大小的因素主要包括抽样标准差 $\sigma_{\bar{x}}$ 和抽样估计的置信水平 $(1-\alpha)$。

（1）抽样标准差 $\sigma_{\bar{x}}$

抽样标准差的大小主要受到总体各单位变量值大小差异、样本容量和抽样方法等因素的影响，具体如图 5-6 所示。

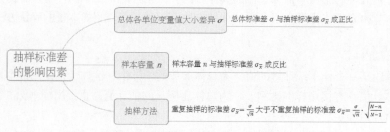

图 5-6 | 影响抽样标准差的因素

（2）抽样估计的置信水平 $(1-\alpha)$

置信水平也叫置信系数、置信概率或置信度，是指在给定的置信区间包含未知总体参数的概率。其中，α 是事先确定的一个风险值，即置信区间不包含总体真值的概率，$(1-\alpha)$ 则是置信区间包含总体真值的概率。

估计的可靠程度与结果的准确程度成反比，也就是说，如果要求可靠程度高，则需要取一个较大的置信水平，以得到一个较大的边际误差和较大的置信区间，结果是降低了估计的准确程度。如果要求可靠程度低，则所设的置信水平就小，边际误差和置信区间也相对变小，估计的准确程度因此会有所提高。

所以，在样本量一定的情况下，需要在估计的把握程度和结果的准确程度之间找到平衡点，实际中通常将置信水平设置为 90%、95%、99% 等。

如果要同时保证较高的估计可靠程度和结果准确程度，最常见的方法就是增加样本量。

4. 临界值与置信区间

正态分布的临界值为 $z_{\alpha/2}$，在给定的置信水平下，$z_{\alpha/2}$ 值可以通过查正态分布分位数表获取（见本书附录）。置信水平越高，临界值越大；置信水平越低，临界值越小。

总体均值的置信区间可表示为：

$$\bar{x} \pm z_{\alpha/2} \cdot \sigma_{\bar{x}}$$

或表示为：

$$\bar{x} - z_{\alpha/2} \cdot \sigma_{\bar{x}} \leqslant \mu \leqslant \bar{x} + z_{\alpha/2} \cdot \sigma_{\bar{x}}$$

同理，总体比例的置信区间可表示为：

$$p \pm z_{\alpha/2} \cdot \sigma_p$$

或表示为：

$$p - z_{\alpha/2} \cdot \sigma_p \leqslant \mu \leqslant p + z_{\alpha/2} \cdot \sigma_p$$

5.2.3 总体均值的区间估计

当总体服从正态分布且总体方差 σ^2 已知，或总体方差 σ^2 未知但为大样本时，样本均值 $\bar{x}$ 的抽样分布服从正态分布，其均值为 μ，方差为 $\dfrac{\sigma^2}{n}$。此时，总体均值 μ 的置信区间如下所示。

$$\bar{x} \pm z_{\alpha/2} \cdot \frac{\sigma}{\sqrt{n}}$$

上式中，$z_{\alpha/2} \cdot \dfrac{\sigma}{\sqrt{n}}$ 为抽样估计的边际误差；$\bar{x} - z_{\alpha/2} \cdot \dfrac{\sigma}{\sqrt{n}}$ 为置信下限，$\bar{x} + z_{\alpha/2} \cdot \dfrac{\sigma}{\sqrt{n}}$ 为置信上限。$z_{\alpha/2}$ 是标准正态分布上侧面积为 $\alpha/2$ 时的 z 值。对于给定的置信水平，与之对应的 $z_{\alpha/2}$ 值可以通过查标准正态分布表获得，或通过 Excel 中的 NORMSINV 函数计算。常用的置信水平及其对应的 $z_{\alpha/2}$ 值如表 5-6 所示。

表 5-6　常用置信水平及其对应的 $z_{\alpha/2}$ 值

置信水平(1-α)	α	$z_{\alpha/2}$	$\bar{x} \pm z_{\alpha/2} \cdot \dfrac{\sigma}{\sqrt{n}}$ 在正态曲线下对应的面积
90%	0.1	1.645	90%
95%	0.05	1.96	95%
99%	0.01	2.58	99%

如果总体标准差 σ 未知，可用样本标准差 s 代替，如下所示。

$$\bar{x} \pm z_{\sigma/2} \cdot \frac{s}{\sqrt{n}}$$

若抽样方式为不重复抽样，则需要修正系数 $\dfrac{N-n}{N-1}$ 对抽样标准差进行修正，此时总体均值的置信区间如下所示。

$$\bar{x} \pm z_{\sigma/2} \cdot \frac{\sigma}{\sqrt{n}} \sqrt{\frac{N-n}{N-1}}$$

专家点拨

对于无限总体而言，样本均值的方差，不重复抽样也可按重复抽样来处理；对于有限总体而言，如果 N 很大且 $\dfrac{n}{N}$ 很小时，修正系数 $\dfrac{N-n}{N-1}$ 会趋于 1，此时不重复抽样也可按重复抽样来处理。

【实验室】估计学生方便面用量的置信区间

某食品有限公司对当地在校大学生每月的方便面用量进行了调查，100 位学生的样本调查结果为平均每位大学生的方便面用量为 4.9 包，标准差为 3.5 包，若置信水平为 95%，估计当地在校大学生平均每月的方便面用量的置信区间。

此案例 $n = 100$，属于大样本，样本均值服从正态分布。总体标准差 σ 未知，用样本标准差 s 代替。其他已知条件包括 $\bar{x} = 4.9$，$s = 3.5$，置信水平 $(1-\alpha) = 95\%$，由表 5-6 得知，$z_{\alpha/2} = 1.96$。则该案例的置信区间如下所示。

$$\bar{x} \pm z_{\alpha/2} \cdot \frac{s}{\sqrt{n}} = 4.9 \pm 1.96 \times \frac{3.5}{\sqrt{100}} = 4.9 \pm 0.69 = (4.21, 5.59)$$

也就是说，该地区在校大学生平均每月方便面用量的置信区间为 4.21～5.59 包，对此结果的把握程度为 95%。

5.2.4 总体比例的区间估计

前面提到，对于一个样本比例来说，假设 $n \cdot p \geqslant 5$ 且 $n \cdot (1-p) \geqslant 5$ 时，就可以认为样本容量足够大，此时样本比例 p 的抽样分布就近似于正态分布。对于总体比例的估计，确定容量足够大的一般经验规则同样也是 $n \cdot p \geqslant 5$ 且 $n \cdot (1-p) \geqslant 5$。

此时，满足正态分布的样本比例的特征值是，样本比例 p 的均值等于总体比例 π，即 $E(p) = p = \pi$；样本比例的抽样方差 $\sigma_p{}^2$ 等于 $1 / n$ 倍的总体方差，即 $\sigma_p{}^2 = \dfrac{\pi(1-\pi)}{n}$。这样，就可以得到总体比例 π 在置信水平为 $(1-\alpha)$ 时的置信区间，具体如下所示。

$$p \pm z_{\alpha/2} \cdot \sqrt{\frac{\pi(1-\pi)}{n}}$$

上式中，$z_{\alpha/2} \cdot \sqrt{\dfrac{\pi(1-\pi)}{n}}$ 为抽样估计的边际误差；$p - z_{\alpha/2} \cdot \sqrt{\dfrac{\pi(1-\pi)}{n}}$ 为置信下限，$p + z_{\alpha/2} \cdot \sqrt{\dfrac{\pi(1-\pi)}{n}}$ 为置信上限。$z_{\alpha/2}$ 是标准正态分布上侧面积为 $\alpha / 2$ 时的 z 值。

若总体比例 π 未知，可用样本比例 p 代替，如下所示。

$$p \pm z_{\alpha/2} \cdot \sqrt{\frac{p(1-p)}{n}}$$

若抽样方式为不重复抽样，则需要用到修正系数 $\dfrac{N-n}{N-1}$，此时总体比例在 $(1-\alpha)$ 水平下的置信区间如下所示。

$$p \pm z_{\alpha/2} \cdot \sqrt{\frac{p(1-p)}{n}} \cdot \sqrt{\frac{N-n}{N-1}}$$

【实验室】估计愿意升级 5G 的用户比例

某通信集团对某市用户进行随机调查，询问是否有意愿将网络升级为 5G，随机调查的 50 位用户当中，有 30 位用户愿意对当前网络进行升级。估计该市用户中愿意升级为 5G 网络的用户占比，置信水平为 95%。

此案例中，已知 $n=50$，$p = 30 / 50 = 60\% = 0.6$，则 $n \cdot p = 50 \times 0.6 = 30 > 5$，同时，$n \cdot (1-p) = 50 \times (1-0.6) = 20 > 5$，所以该样本属于大样本，服从正态分布。置信水平 $(1-\alpha) = 95\%$，由表 5-6 得知，$z_{\alpha/2} = 1.96$。总体比例 π 未知时可由样本比例 p 代替。因此，该案例的置信区间如下所示。

$$p \pm z_{\alpha/2} \cdot \sqrt{\frac{p(1-p)}{n}} = 0.6 \pm 1.96 \cdot \sqrt{\frac{0.6 \times (1-0.6)}{50}} \approx 0.6 \pm 0.14 = (0.46, 0.74)$$

也就是说，该地区大约有 46%~74% 的用户愿意升级 5G 网络，对此结果的把握程度为 95%。

5.2.5 样本量的确认

在抽样调查时，如果样本量过大，会造成人力、物力、财力及时间的浪费；如果样本量过小，又会使得样本缺乏代表性，增大估计误差。因此，科学合理地确定样本量是非常有必要的。

1. 影响样本量的主要因素

影响样本量的因素是多种多样的，下面从公式计算的角度出发，归纳 5 个影响样本量的主要因素。

- **总体变异程度** | 即总体标准差 σ 的大小。在其他条件相同的情况下，有较大方差的总体，样本的容量应该大一些，反之则可以小一些。总体方差与样本量成正比关系。

- **概率保证程度**｜即置信水平 $(1-\alpha)$ 的高低。在其他条件不变的情况下，如果要求较高的可靠度，就要增大样本量；反之可以适当地减少样本量。置信水平与样本量成正比关系。
- **允许误差**｜即边际误差 E 的大小。在其他条件不变的情况下，如果要求估计的精度高，允许误差就小，那么样本量就要大一些；如果要求的精确度不高，允许误差可以大一些，则样本量可以适当减小。边际误差与样本量成反比关系。
- **抽样方法**｜在相同条件下，重复抽样的抽样平均误差比不重复抽样的抽样平均误差大，所以重复抽样需要更大的样本量，不重复抽样可以适当减少样本的容量。
- **抽样组织方式**｜不同的抽样组织方式有不同的抽样平均误差。例如，分层抽样可以比简单随机抽样需要更少的样本量。

2. 均值估计时样本量的确定

在简单随机抽样的条件下，重复抽样时，均值估计样本量的计算公式如下所示。

$$n = \frac{(z_{\alpha/2})^2 \cdot \sigma^2}{E^2}$$

不重复抽样时，均值估计样本量的计算公式如下所示。

$$n = \frac{N \cdot (z_{\alpha/2})^2 \cdot \sigma^2}{N \cdot E^2 + (z_{\alpha/2})^2 \cdot \sigma^2}$$

其中，若总体方差 σ^2 未知，可用样本方差 s^2 代替。

【实验室】分析飞机延误时间时需要抽样的班次数量

某航空公司想了解飞机延误的时间，假设所有班次的飞机延误时间的标准差为 21 分钟，要求估计的误差不超过 5 分钟，置信水平为 95%，试确定重复抽样应抽取的样本量。若全年有 4800 次航班，在不重复抽样的条件下，又应该抽取多大的样本量？

此案例中，已知 $\sigma = 21$，$E = 5$，由 $(1-\alpha) = 95\%$，可知 $z_{\alpha/2} = 1.96$，则重复抽样需抽取的样本量如下所示。

$$n = \frac{(z_{\alpha/2})^2 \cdot \sigma^2}{E^2} = \frac{1.96^2 \times 21^2}{5^2} \approx 67.8 \approx 68$$

另外还已知 $N = 4800$，则不重复抽样需抽取的样本量如下所示。

$$n = \frac{N \cdot (z_{\alpha/2})^2 \cdot \sigma^2}{N \cdot E^2 + (z_{\alpha/2})^2 \cdot \sigma^2} = \frac{4800 \times 1.96^2 \times 21^2}{4800 \times 5^2 + 1.96^2 \times 21^2} = 66.8 \approx 67$$

专家点拨

由上可知，在相同要求下，由于不重复抽样的误差小于重复抽样，因而在允许误差相同的情况下，不重复抽样所抽取的样本量更少。

3. 比例估计时样本量的确定

在简单随机抽样的条件下，重复抽样时，比例估计样本量的计算公式如下所示。

$$n = \frac{(z_{\alpha/2})^2 \cdot \pi(1-\pi)}{E^2}$$

不重复抽样时，比例估计样本量的计算公式如下所示。

$$n = \frac{N \cdot (z_{\alpha/2})^2 \cdot \pi(1-\pi)}{N \cdot E^2 + (z_{\alpha/2})^2 \cdot \pi(1-\pi)}$$

其中，若总体方差 $\pi(1-\pi)$ 未知，可用样本方差 $p(1-p)$ 代替。

【实验室】确定需要抽查的手机数量

某品牌手机的合格率为 92%，现需要对新进的一批商品进行检查，若要求边际误差不超过 5%，置信水平为 99%，试确定重复抽样应该抽取的样本量。若这批手机共有 4000 台，在不重复抽样的条件下，又应该抽取多大的样本量。

此案例中，已知 p =0.92，E =0.05，由 $(1-\alpha)$ =99%，可知 $z_{\alpha/2}$ =2.58，在总体方差 $\pi(1-\pi)$ 未知时，用样本方差 $p(1-p)$ 代替，则重复抽样需抽取的样本量如下所示。

$$n = \frac{(z_{\alpha/2})^2 \cdot p(1-p)}{E^2} = \frac{2.58^2 \times 0.92 \times (1-0.92)}{0.05^2} \approx 196$$

另外还已知 N=4000，则不重复抽样需抽取的样本量如下所示。

$$n = \frac{N \cdot (z_{\alpha/2})^2 \cdot \pi(1-\pi)}{N \cdot E^2 + (z_{\alpha/2})^2 \cdot \pi(1-\pi)} = \frac{4000 \times 2.58^2 \times 0.92 \times (1-0.92)}{4000 \times 0.05^2 + 2.58^2 \times 0.92 \times (1-0.92)} \approx 187$$

5.3 课堂实训——小区居民用电分析

本章主要介绍抽样估计分析的知识，主要包括抽样的方法、抽样分布的基本概念、样本统计量的抽样分布、点估计、区间估计以及样本量的确认等内容。其中，区间估计在实际工作中的使用率相对点估计而言更高一些。下面将利用 Excel 来实现区间估计的操作，学生通过练习不仅可以巩固所学知识，还可以掌握使用 Excel 来进行数据的抽样估计分析。

5.3.1 实训目标及思路

某市供电局对某小区居民每月用电量进行抽样估计，随机从该小区中抽取出 100 户的每月电费数据，在置信水平为 95% 的条件下，希望估算出该小区所有居民每月的电费支出情况以及电费高于 80 元的居民比例。可见，本次实训属于大样本的抽样估计，可以认为样本服从正态分布，因此可以利用总体均值的区间估计和总体比例的区间估计方法进行操作，具体操作思路如图 5-7 所示。

图 5-7 | 区间估计分析思路

5.3.2 操作方法

本实训的具体操作如下所示。

（1）打开"区间估计.xlsx"工作簿（配套资源：素材\第 5 章\区间估计.xlsx），在【数据】→【分析】组中单击 数据分析 按钮，打开"数据分析"对话框，在"分析工具"列表框中选择"描述统计"选项，单击 确定 按钮，如图 5-8 所示。

小区居民用电分析

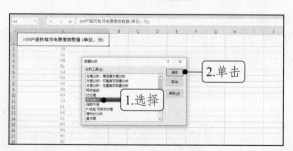

图 5-8 | 选择分析工具

（2）打开"描述统计"对话框，将输入区域指定为 A2:A101 单元格区域，选中"逐列"单选项，将输出区域指定为 C1 单元格，选中"汇总统计"复选框和"平均数置信度"复选框，将置信度设置为"95%"，然后选中"第 K 大值"和"第 K 小值"复选框，单击 确定 按钮，如图 5-9 所示。

图 5-9｜设置描述统计参数

（3）选择 F2 单元格，单击编辑栏中的"插入函数"按钮 f_x，打开"插入函数"对话框，在"或选择类别"下拉列表框中选择"统计"选项，在"选择函数"列表框中选择"NORM.S.INV"选项，单击 确定 按钮，如图 5-10 所示。

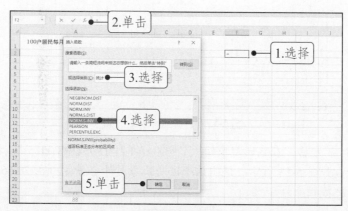

图 5-10｜选择函数

（4）打开"函数参数"对话框，在"Probability"文本框中输入"0.025"，单击 确定 按钮，如图 5-11 所示。

专家点拨

计算总体均值的区间估计时，如果总体标准差 σ 未知，可用样本标准差 s 代替，此时计算公式为 $\bar{x} \pm z_{\alpha/2} \cdot \dfrac{s}{\sqrt{n}}$，这里的 $\bar{x}$、s、n 等变量都通过描述统计计算出来了，因此需要计算 $z_{\alpha/2}$ 这个变量，上述 NORM.S.INV 函数便是计算该变量的专用函数。由于本实训的置信水平为 95%，$(1-\alpha)=0.95$，因此 $\alpha=0.05$，则 $\alpha/2 = 0.025$，因此该函数的 Probability 参数应设置为"0.025"。当然，$z_{\alpha/2}$ 的值也可以直接通过正态分布分位数表查询，这里只是介绍如何利用 Excel 完成总体均值的区间估计。

图 5-11 | 设置函数参数

（5）得到所有变量后，可利用公式计算总体均值置信区间的置信下限和置信上限。选择 F4 单元格，在编辑栏中输入"=D3-(-F2)*D7/SQRT(D15)"，其中"-F2"表示将 F2 单元格中的负数调整为正数，SQRT 函数表示开平方根，按【Ctrl+Enter】组合键计算结果，如图 5-12 所示。

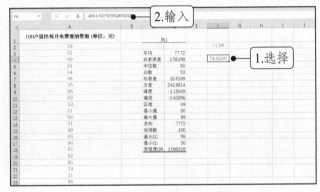

图 5-12 | 计算置信下限的值

（6）选择 G4 单元格，在编辑栏中输入"=D3+(-F2)*D7/SQRT(D15)"，按【Ctrl+Enter】组合键计算结果，如图 5-13 所示。说明该小区居民每月的电费支出在 74.66 元至 80.78 元之间，对此结果的把握程度为 95%。

图 5-13 | 计算置信上限的值

（7）接下来分析总体比例的区间估计。若总体比例 π 未知，可用样本比例 p 代替。因此

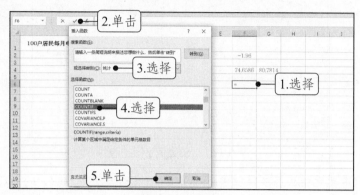

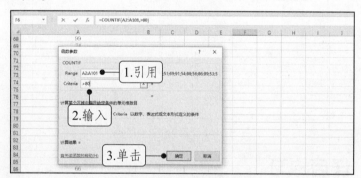

这里首先计算样本比例 p。选择 F6 单元格，单击编辑栏中的"插入函数"按钮，打开"插入函数"对话框，在"或选择类别"下拉列表框中选择"统计"选项，在"选择函数"列表框中选择"COUNTIF"选项，单击 确定 按钮，如图 5-14 所示。

图 5-14 | 选择函数

（8）打开"函数参数"对话框，在"Range"文本框中引用 A2:A101 单元格区域，在"Criteria"文本框中输入">80"，表示统计 A2:A101 单元格区域中数据大于 80 的单元格个数，单击 确定 按钮，如图 5-15 所示。

图 5-15 | 设置函数参数

（9）继续在编辑栏中的公式后输入"/COUNT(A2:A101)"，按【Ctrl+Enter】组合键计算出样本比例 p，如图 5-16 所示。

图 5-16 | 计算样本比例 p

（10）利用公式 $p \pm z_{\alpha/2} \cdot \sqrt{\dfrac{p(1-p)}{n}}$ 计算总体比例置信区间的置信下限。选择 F8 单元格，

在编辑栏中输入"=F6-(-F2)*SQRT(F6*(1-F6)/D14)"，按【Ctrl+Enter】组合键返回结果，如图5-17所示。

图5-17｜计算置信下限的值

（11）选择G8单元格，在编辑栏中输入"=F6+(-F2)*SQRT(F6*(1-F6)/D14)"，按【Ctrl+Enter】组合键返回结果，如图5-18所示（配套资源：效果\第5章\区间估计.xlsx）。说明该小区居民每月电费支出在80元以上的比例在47.89%~50.11%之间，对此结果的把握程度为95%。

图5-18｜计算置信上限的值

5.4　课后练习

（1）简述简单随机抽样、系统抽样、分层抽样、整群抽样、多阶段抽样的原理及适用环境。

（2）总体参数与样本统计量各包含哪些参数？样本容量与样本个数又有什么区别？

（3）某总体标准差为14，以重复抽样的方式从中抽取一个容量为30的样本，则样本均值的方差和标准差各是多少？

（4）某总体的比例为0.6，以重复抽样的方式随机抽取一个容量为60的样本，则样本比例的数学期望和标准差各是多少？

（5）影响样本量的主要因素有哪些？

（6）某商家对新推出的一款产品做了满意度调查，请客人试用产品后进行满意度评分（0~10），现随机抽取120名客人的评分数据，得到的平均分数为8.1分，评分的标准差为2.4分。试求该新产品客人满意度95%的置信区间。

（7）某餐厅通过市场调查了解消费者对餐厅的知晓程度。随机抽取了200名客人，其中有148人表示知道该餐厅的品牌和位置，试以95%的置信水平估计知道该餐厅的人数比例的置信区间。

（8）某外国语大学对全校学生的法语及格率进行调查，已知上次调查的及格率为89%，试确定在95%的概率保证程度下，允许误差不超过2%时，应抽取多少学生进行调查。

第 6 章

统计指数分析

【学习目标】

➢ 了解统计指数的概念、作用与种类
➢ 掌握综合指数的编制原理与方法
➢ 掌握平均指数的编制原理与方法
➢ 熟悉指数体系与因素分析的方法

统计指数最早源于人们对价格的关注，特别是与生活相关的物资价格。而现在，使用统计指数分析工作、学习和生活上的方方面面已经成为越来越常见的操作。本章将详细介绍使用统计指数分析数据的方法，重点包括统计指数概述、综合指数、平均指数、指数体系和指数的因素分析等内容。

 ## 6.1 统计指数概述

现实生活中，常见的居民消费价格指数（Consumer Price Index，CPI）、生产价格指数（Producer Price Index，PPI）等实际上都是统计指数的典型案例。除此之外，股票价格指数、工业生产指数等，也是常见的统计指数。下面首先对统计指数的概念、作用和种类进行介绍，以便读者对其有更全面的认识。

6.1.1 统计指数的概念和作用

统计指数是各种社会和经济现象在不同时期上对比而形成的相对数，反映的是这些现象的动态变化程度。也就是说，统计指数是一种对比性分析指标，表现为相对数的形式。例如，2020 年 1 月全国 CPI 同比上涨 5.4%，这就说明 2020 年 1 月我国居民的生活消费品和服务价格总水平与 2019 年 1 月相比上涨了 5.4%。

1. 统计指数的概念

广义上来看，凡是反映同类现象数量或质量变动的相对数都可以称为统计指数，其中包括单一现象或复杂现象的变动。

狭义上来看，统计指数反映的是不能直接加总的复杂现象综合数量或质量变动的相对数。例如，分析企业某种产品生产成本的变动程度，如果只是一种产品，可以直接用该产品在报告期的生产成本与基期生产成本对比，得到该产品的生产成本变动指数；如果是多种产品生产成本的综合变动，且各产品的计量单位不同，无法将这些产品的生产成本直接相加时，就需要引入一个同度量因素使其能够相加，从而实现在两个时期对生产成本的对比，这种反映不能直接加总的复杂现象变动的相对数，就是统计指数，如图 6-1 所示。

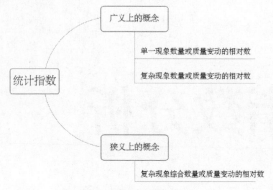

图 6-1 | 统计指数的概念

专家点拨

基期是指统计指数中作为对比基础的时期，报告期则是与基期进行对比的时期，如 2020 年与 2019 年物价指数的对比，2019 年就称为基期，2020 年则称为报告期。

2．统计指数的作用

统计指数一般具有综合性、平均性等特点，它在社会经济现象的分析中应用是否广泛，其作用主要体现在以下 3 个方面。

（1）综合反映现象总体的变动方向和变动程度。

（2）结合建立的指数体系来分析现象总体中各种因素的影响方向和影响程度。

（3）通过编制统计指数数列来反映现象总体的长期趋势。

6.1.2　统计指数的种类

统计指数的种类可以从现象范围、指标性质、对比性质等多种不同的角度进行划分，如图 6-2 所示。

1．现象范围

按统计指数说明现象的范围不同，可将其分为个体指数和总指数。

● **个体指数**｜指反映单一现象变动的相对数。例如，反映某一种商品的价格相对变动，其个体指数的计算公式如下所示。其中，I_p 代表该商品的价格指数、p 代表商品价格、1 代表报告期、0代表基期。

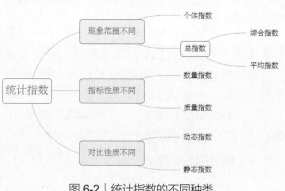

图 6-2 | 统计指数的不同种类

$$I_p = \frac{p_1}{p_0}$$

- **总指数**｜指反映两种及两种以上复杂现象总体综合变动的相对数。

2. 指标性质

按统计指数所反映的指标性质的不同，可将其分为数量指数和质量指数。

- **数量指数**｜指反映数量指标变动的指数，如销售量指数、产量指数等，通常表明的是现象的总体规模或水平变动。

- **质量指数**｜指反映质量指标变动的指数，如价格指数、单位成本指数等，通常表明的是现象的相对水平或平均水平变动。

3. 对比性质

按统计指数所反映的对比性质的不同，可将其分为动态指数和静态指数。

- **动态指数**｜指反映现象总体时间变动的指数，也称时间性指数，一般有定基指数和环比指数之分。其中，指数数列所有各期指数均使用同一基期计算的，称为定基指数；所有各期指数均以上一个时期为基期计算的，称为环比指数。

- **静态指数**｜指反映现象总体相同时间内不同空间变动的指数，也称区域性指数，一般有空间指数和计划完成情况指数两种。其中，空间指数是将同一时间的不同空间（如不同单位、地区、国家等）的同类现象水平进行综合比较，反映现象在空间上的变动情况；计划完成情况指数则是将某种现象的实际水平与计划目标对比，反映计划的执行情况或完成与未完成的程度。

4. 编制方法

针对总指数的编制方法或表现形式的不同，可将总指数分为综合指数和平均指数，而这两种指数就是本章重点研究的两个对象，具体内容将在下面详细介绍。

6.2 综合指数

综合指数是通过两个时期的综合总量对比来进行分析的一种总指数，即通过同度量因素将多个不同事物的变量值进行综合，然后再将两个时期的综合量相除得到综合指数。

6.2.1 综合指数的编制原理

综合指数的编制离不开同度量因素，原因在于，综合指数针对的是复杂现象总体，这些总体的指数化指标数值不能直接相加，因此必须寻找适当的媒介，将其转化为可以直接相加的数值才能进行对比，这个媒介就是同度量因素。

表 6-1 包含了 3 种商品在基期和报告期的销售量与价格。很明显，由于计量单位不同，这 3 种商品的销售量和价格都不能直接相加，为了分析这些商品的销售情况，可以将每种商品的销售量乘以价格，将得到的销售额数据相加，然后通过报告期与基期的对比，分析这 3 种商品销售变化的综合指数。

因此，在编制多种商品的价格总指数时，就可以通过销售量，将不能直接相加的价格转化为可以直接相加的销售额；同理，在编制多种商品的销售量总指数时，则可以通过价格，将不能直接相加的销售量转化为可以相加的销售额。

表 6-1　商品销售数据表

商品	计量单位	销售量		价格（元）	
		基期 q_0	报告期 q_1	基期 p_0	报告期 p_1
A 商品	件	120	100	20	25
B 商品	支	1000	900	4	5
C 商品	台	60	50	290	300

　　需要注意的是，在确定了同度量因素后，还必须将同度量因素所属的时期固定，这样计算出的指数反映的变动情况才具有代表性。例如，分析表 6-1 中的 3 种商品销售量的变动情况，可以将价格作为同度量因素，但价格就必须固定在同一个时期，或固定在基期，或固定在报告期，将同一时期的价格分别乘以基期和报告期的销售量，得出两个时期的销售额，然后分别汇总两个时期的销售额，将数据进行对比，得到的综合指数就是销售量综合指数，这个指数就能够真实反映销售量的变动情况。

专家点拨

　　归纳而言，同度量因素就是将不同度量的现象过渡为可以同度量的媒介，它应该固定在同一时期，使现象总量的变动只反映指数化指标的变动。因此，同度量因素不仅具有同度量的作用，还具有权数的作用。

　　总体来看，综合指数的编制原理涉及 3 个重要环节，即引入同度量因素、固定同度量因素、对比变动指标，具体编制过程如图 6-3 所示。

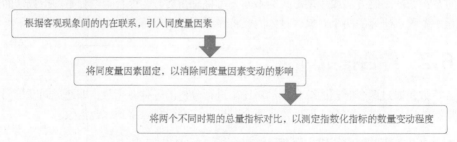

图 6-3｜综合指数的编制过程

6.2.2　综合指数的编制方法

　　编制综合指数时，首先需要确定指数化指标的性质。也就是说，如果指数化指标是数量指标，则计算的指数就是数量指标综合指数；如果指数化指标是质量指标，则计算的指数就是质量指标综合指数。

　　无论是数量指数还是质量指数，同度量因素都可以选择固定在基期或报告期。固定的时期不同，编制综合指数时选择的方法就不同，具体分为拉氏指数编制方法和帕氏指数编制方法两种。

1. 拉氏指数

　　拉氏指数的特点是将同度量因素的时期固定在基期水平上，其计算公式如下所示。

$$拉氏数量指数：I_q = \frac{\sum q_1 p_0}{\sum q_0 p_0}$$

$$拉氏质量指数：I_p = \frac{\sum p_1 q_0}{\sum p_0 q_0}$$

上式中，I_q 代表数量指数，I_p 代表质量指数，q 代表数量指标，p 代表质量指标，0 代表基期，1 代表报告期。

2. 帕氏指数

帕氏指数的特点是将同度量因素的时期固定在报告期水平上，其计算公式如下所示。

$$帕氏数量指数：I_q = \frac{\sum q_1 p_1}{\sum q_0 p_1}$$

$$帕氏质量指数：I_p = \frac{\sum p_1 q_1}{\sum p_0 q_1}$$

上式中，I_q 代表数量指数，I_p 代表质量指数，q 代表数量指标，p 代表质量指标，0 代表基期，1 代表报告期。

【实验室】分析多种商品的销售量和价格变动

以表 6-1 所示的商品及销售数据为基础，分别计算出基期和报告期对应的销售数据，然后汇总各时期的销售额，如表 6-2 所示。

表 6-2　商品销售数据汇总表

商品	计量单位	销售量		价格（元）		销售额（元）			
		基期 q_0	报告期 q_1	基期 p_0	报告期 p_1	$q_0 p_0$	$q_0 p_1$	$q_1 p_0$	$q_1 p_1$
A 商品	件	120	100	20	25	2400	3000	2000	2500
B 商品	支	1000	900	4	5	4000	5000	3600	4500
C 商品	台	60	50	290	300	17400	18000	14500	15000
合计	—					23800	26000	20100	22000

通过上表可以直观地看出，在基期和报告期内，所有商品的销售量数据都有所下降，价格数据则都有上升，而具体的变动情况则不清楚，下面就分别利用拉氏指数和帕氏指数进行分析。

（1）销售量指数

销售量属于数量指标，销售量指数自然就属于数量指数。由于商品计量单位不同，因此不能将销售量直接加总，所以需要引入价格作为同度量因素，通过分析销售额的变动来分析销售量的变动情况。因为拉氏数量指数和帕氏数量指数规定同度量因素的时期不同，下面分别计算其指数结果，来分析两种方法的优劣。

① 采用拉氏数量指数分析销售量

拉氏数量指数以基期价格为同度量因素，销售量综合指数的计算公式如下所示。

$$拉氏销售量综合指数：I_q = \frac{\sum q_1 p_0}{\sum q_0 p_0} = \frac{20100}{23800} \approx 0.8445 = 84.45\%$$

计算结果表明，在维持基期价格水平不变的前提下，报告期 3 种商品的销售量总体大约降低了 15.55%（100%-84.45%）。由于拉氏销售量指数以基期价格为同度量因素，因此消除了价格因素变动对指数的影响，仅包含销售量因素的变动。

② 采用帕氏数量指数分析销售量

帕氏数量指数以报告期价格为同度量因素，销售量综合指数的计算公式如下所示。

$$\text{帕氏销售量综合指数：} I_q = \frac{\sum q_1 p_1}{\sum q_0 p_1} = \frac{22000}{26000} \approx 0.8462 = 84.62\%$$

计算结果表明，在维持报告期价格水平不变的前提下，报告期 3 种商品的销售量总体大约降低了 15.38%（100%-84.62%）。由于帕氏销售量指数以报告期价格为同度量因素，并没有消除价格变动对指数的影响，即价格从基期到报告期产生了变化，因此不符合计算数量指数的目的，所以帕氏销售量指数在实际中应用较少。

（2）价格指数

价格属于质量指标，价格指数便属于质量指数。此时则需要引入销售量作为同度量因素，通过分析销售额的变动来分析价格的变动情况。下面同样分别采用拉氏质量指数和帕氏质量指数计算价格指数的结果，以此来分析两种方法的优劣。

① 采用拉氏质量指数分析价格

拉氏质量指数以基期销售量为同度量因素，价格综合指数的计算公式如下所示。

$$\text{拉氏价格综合指数：} I_q = \frac{\sum p_1 q_0}{\sum p_0 q_0} = \frac{26000}{23800} \approx 1.0924 = 109.24\%$$

计算结果表明，在维持基期销售量不变的前提下，报告期 3 种商品的价格总体增加了大约 9.24%（109.24%-100%）。由于拉氏价格指数以基期销售量为同度量因素，可以消除同度量因素自身变动对指数的影响，从而使得不同时期的价格更具可比性。

② 采用帕氏质量指数分析价格

帕氏质量指数以报告期销售量为同度量因素，价格综合指数的计算公式如下所示。

$$\text{帕氏价格综合指数：} I_q = \frac{\sum p_1 q_1}{\sum p_0 q_1} = \frac{22000}{20100} \approx 1.0945 = 109.45\%$$

计算结果表明，在维持报告期销售量不变的前提下，报告期 3 种商品的价格总体增加了 9.45%（109.45%-100%）。尽管帕氏价格指数以报告期销售量为同度量因素，并没有消除销售量自身变动对指数的影响，但实际上，人们更关心的是在报告期销售量条件下，价格变动对实际生活的影响。所以，采用帕氏价格指数可以反映不同商品价格的综合变动程度。

综上所述，在一般情况下，计算数量指标综合指数时，通常将作为同度量因素的质量指标固定在基期，采用拉氏指数进行计算；计算质量指标综合指数时，通常将作为同度量因素的数量指标固定在报告期，采用帕氏指数进行。在 Excel 中也可以轻松实现拉氏指数和帕氏指数的计算操作，详细内容将在本章课堂实训板块做具体演示。

6.3 平均指数

平均指数是一种用平均的方法对个体指数进行加权平均来计算总指数的一种指数。也就是说，利用平均指数法对复杂现象总体进行对比分析时，首先要对构成总体的个体现象计算个体指数，从而得到的无量纲化的便于统一计算的个体指数，这是编制总指数的基础。

6.3.1 综合指数与平均指数的区别

综合指数和平均指数的区别主要表现在以下 3 个方面。

1. 计算思想不同

在解决复杂总体不能直接同度量计算的问题时，综合指数的计算思想是"先综合，后对比"，即先借助同度量因素对基期与报告期的数据进行综合，再用报告期的综合量除以基期的综合量得到指数结果；平均指数的计算思想则是"先对比，后平均"，即先计算个体指数，然后以个体指数所对应的权数进行加权平均。

2. 使用资料不同

综合指数需要掌握计算总体的全面资料，包括总体中每一个个体在基期和报告期的各种数据，当需要计算的总体中包含的个体较多时，收集数据和数据计算的工作量就变得很大；平均指数既可以根据全面的资料进行计算，也可以根据局部的资料进行计算，当无法获得全面的资料时，平均指数就体现了它的优越性。例如，运用平均指数分析价格变动时，如果商品种类繁多，就可以用一种商品来代表一组商品，然后以该组商品的总值为权数，这样就无须采集所有商品的价格与销售量等数据。

专家点拨

> 实际生活中，商品新旧更替的情况总是在不断发生的，期望采集到基期与报告期所有商品的数据也不太现实，这时要想反映价格总水平的变动，也只有采用平均指数。

3. 结果体现不同

综合指数的计算结果可以体现为相对值，也可以体现为绝对值。例如，前面案例中使用拉氏销售量综合指数计算出在维持基期价格水平不变的前提下，报告期 3 种商品的销售量总体大约降低了 15.55%，这就是相对值。而具体因销售量降低而导致销售额降低的绝对值也是可以计算的，即 23800-20100=3700（元）。平均指数的计算结果，除作为综合指数变形加以应用的情况外，一般只能进行相对分析，得到的结果只能是相对值。

6.3.2　平均指数的编制原理

前面提到，利用平均指数法对复杂现象总体进行对比分析时，首先要对构成总体的个体现象计算个体指数，而由于总体中的不同个体一般会具有不同的重要程度，因此在计算平均指数时需要对个体指数进行加权，这样才能得到无量纲化的个体指数。作为加权计算的权数，一般应与所要编制的指数密切关联，往往可以是基期的总值数据（$p_0 q_0$）、报告期的总值数据（$p_1 q_1$）或固定权数（w）等。

6.3.3　平均指数的编制方法

针对选用不同的权数，并结合不同的平均数形式，可以得到加权算术平均指数、加权调和平均指数、固定权数的平均指数等多种计算形式。其中，加权算术平均指数和加权调和平均指数实际上是综合指数作为变形权数的平均指数，下面详细介绍平均指数的编制方法。

1. 加权算术平均指数

加权算术平均指数是以算术平均数的形式计算的总指数，通常用基期总值数据作为权数，其计算公式如下所示。

$$数量指数：\bar{k}_q = \frac{\sum k_q \cdot p_0 q_0}{\sum p_0 q_0}，其中，k_q = \frac{q_1}{q_0}$$

$$质量指数：\bar{k}_p = \frac{\sum k_p \cdot p_0 q_0}{\sum p_0 q_0}，其中，k_p = \frac{p_1}{p_0}$$

如果采集到的资料非常全面，则可以把 $k_q = \dfrac{q_1}{q_0}$ 代入到数量指数的计算公式，把 $k_p = \dfrac{p_1}{p_0}$ 代入到质量指数的计算公式，从而得到以下公式。

$$数量指数：\overline{k}_q = \frac{\sum k_q \cdot p_0 q_0}{\sum p_0 q_0} = \frac{\sum \frac{q_1}{q_0} p_0 q_0}{\sum p_0 q_0} = \frac{\sum q_1 p_0}{\sum q_0 p_0}$$

$$质量指数：\overline{k}_p = \frac{\sum k_p \cdot p_0 q_0}{\sum p_0 q_0} = \frac{\sum \frac{p_1}{p_0} p_0 q_0}{\sum p_0 q_0} = \frac{\sum p_1 q_0}{\sum p_0 q_0}$$

也就是说，在全面资料的情况下，加权算术平均指数是拉氏综合指数的变形。其中，加权算术平均指数的数量指数即为拉氏数量指标综合指数；加权算术平均指数的质量指数即为拉氏质量指标综合指数。

【实验室】分析多种商品销售量变动的平均指数

以表 6-1 所示的商品销售数据为基础，计算出销售量个体指数和基期销售额数据，然后汇总数据，如表 6-3 所示。

表 6-3　商品销售数据汇总表

商品	计量单位	销售量		价格（元）	销售量个体指数（%）	基期销售额（元）	$k_q \cdot q_0 p_0$
		基期 q_0	报告期 q_1	基期 p_0	$k_q = q_1 / q_0$	$q_0 p_0$	
A 商品	件	120	100	20	83.33	2400	1999.92
B 商品	支	1000	900	4	90.00	4000	3600
C 商品	台	60	50	290	83.33	17400	14499.42
合计	—	—	—	—	—	23800	20099.34

按照加权算术平均指数数量指数的计算公式，得到所有商品销售量平均指数的结果如下所示。

$$所有商品销售量平均指数：\overline{k}_q = \frac{\sum k_q \cdot p_0 q_0}{\sum p_0 q_0} = \frac{20099.34}{23800} \approx 0.8445 = 84.45\%$$

该结果也再次说明加权算术平均指数的数量指数与拉氏数量综合指数的结果是相同的。因此，在实际工作中如果无法采集到所有的资料，同时现有的资料又能够满足平均指数的计算，这时就可采用加权平均指数来计算销售量总指数。

2. 加权调和平均指数

加权调和平均指数是以调和平均数的形式计算的总指数，通常用报告期总值数据作为权数，其计算公式如下所示。

$$数量指数：\overline{k}_q = \frac{\sum p_1 q_1}{\sum \frac{1}{k_q} \cdot p_1 q_1}，其中，k_q = \frac{q_1}{q_0}$$

$$质量指数：\overline{k}_p = \frac{\sum p_1 q_1}{\sum \frac{1}{k_p} \cdot p_1 q_1}，其中，k_p = \frac{p_1}{p_0}$$

如果采集到的资料非常全面，则可以把 $k_q = \frac{q_1}{q_0}$ 代入到数量指数的计算公式，把 $k_p = \frac{p_1}{p_0}$ 代入到质量指数的计算公式，从而得到以下公式。

$$数量指数：\overline{k}_q = \frac{\sum p_1 q_1}{\sum \frac{1}{k_q} \cdot p_1 q_1} = \frac{\sum p_1 q_1}{\sum \frac{q_0}{q_1} p_1 q_1} = \frac{\sum q_1 p_1}{\sum q_0 p_1}$$

$$\text{质量指数：} \overline{k}_p = \frac{\sum p_1 q_1}{\sum \dfrac{1}{k_p} \cdot p_1 q_1} = \frac{\sum p_1 q_1}{\sum \dfrac{p_0}{p_1} p_1 q_1} = \frac{\sum p_1 q_1}{\sum p_0 q_1}$$

也就是说，在资料全面的情况下，加权调和平均指数是帕氏综合指数的变形。其中，加权调和平均指数的数量指数即为帕氏数量指标综合指数；加权调和平均指数的质量指数即为帕氏质量指标综合指数。

【实验室】分析多种商品价格变动的平均指数

以表 6-1 所示的商品销售数据为基础，计算出价格个体指数和报告期销售额数据，然后汇总数据，如表 6-4 所示。

表 6-4　商品销售数据汇总表

商品	计量单位	价格（元）		销售量	价格个体指数（%）	报告期销售额（元）	$\dfrac{1}{k_p} \cdot p_1 q_1$
		基期 p_0	报告期 p_1	报告期 q_1	$k_p = p_1 / p_0$	$q_1 p_1$	
A 商品	件	20	25	100	125.00	2500	2000
B 商品	支	4	5	900	125.00	4500	3600
C 商品	台	290	300	50	103.45	15000	14500
合计	—	—	—	—	—	22000	20100

按照加权调和平均指数质量指数的计算公式，得到所有商品销售量平均指数的结果如下所示。

$$\text{所有商品销售量平均指数：} \overline{k}_q = \frac{\sum p_1 q_1}{\sum \dfrac{1}{k_p} \cdot p_1 q_1} = \frac{22000}{20100} \approx 1.0945 = 109.45\%$$

该结果也再次说明加权调和平均指数的质量指数与帕氏质量综合指数的结果是相同的。因此，在实际工作中如果无法采集到所有的资料，同时现有的资料又能够满足平均指数的计算，这时就可采用加权调和平均指数来计算价格总指数。

3．固定权数的平均指数

固定权数的平均指数实际上指的是加权算术平均指数这种形式。当权数不是基期总值数据，而是固定权数（w）时，计算的加权算术平均指数就是固定权数的加权算术平均指数。其计算公式如下所示。

$$k = \frac{\sum k \cdot w}{\sum w}$$

专家点拨

使用固定权数来计算平均指数时，该权数通常以比重的形式固定下来，并且在较长一段时期内不再发生改变。例如，我国的商品零售价格指数（Retail Price Index，RPI）、CPI 等指数计算，采用的都是固定权数的加权算术平均指数。

【实验室】分析居民消费价格指数的变动情况

某地区 2020 年 6 月居民消费价格指数及权数如表 6-5 所示，利用固定权数计算该地区的居民消费价格总指数。

表 6-5　某地区 2020 年 6 月居民消费价格指数及权数

项目	价格指数 k（%）	权数 w
食品烟酒类	97.6	32.5
衣着类	100.2	11.3
居住类	99.8	9.6
生活用品及服务类	100.0	6.8
交通和通信类	99.8	16.2
教育文化和娱乐类	100.0	11.3
医疗保健类	100.0	8.9
其他用品和服务类	100.5	3.4

按照固定权数平均指数的计算公式，得到该地区的居民消费价格总指数如下所示。

$$k = \frac{\sum k \cdot w}{\sum w} = \frac{97.6\% \times 32.5 + 100.2\% \times 11.3 + 99.8\% \times 9.6 + \cdots + 100.5\% \times 3.4}{32.5 + 11.3 + 9.6 + \cdots + 3.4} = \frac{99.208}{100} = 99.208\%$$

6.4　指数体系与因素分析

指数体系指的是经济上具有一定联系，且具有一定数量对等关系的两个或两个以上的指数所组成的整体。通过对指数体系及其组成因素的分析，不仅可以推算指数之间的关系，还可以分析各因素的变动对所研究现象的影响。

6.4.1　指数体系

各种社会经济现象之间是相互联系的，指数体系则直接反映了经济现象之间的这种动态联系。广义上讲，指数体系泛指由若干个经济上具有一定联系的指数所构成的整体，所构成指数体系的指数数量可多可少，各指数之间相互联系的形式具有多样性表现。狭义上讲，指数体系则是指若干个具有内在经济联系、存在数量对等关系的指数构成的整体。例如，销售额=销售量×销售价格、总成本=产量×单位成本、总产值=产量×产品价格等，将等式两边的变量分别进行指数计算后，则这些指数之间也存在对等关系，即销售额指数=销售量指数×销售价格指数、总成本指数=产量指数×单位成本指数、总产值指数=产量指数×产品价格指数等，此时便称等式的左边的指数为总变动指数或总动态指数，等式右边的指数则称为因素指数。本节所讲的内容，针对的就是从狭义的角度出发来定义的指数体系。

6.4.2　因素分析的要点与类型

因素分析是以指数体系为基础，分析两个或两个以上的因素对现象变动的影响方向和影响程度的方法。

1. 因素分析的要点

借助指数体系来进行因素分析时，需要注意以下 3 点。

（1）分析任意一个因素时，需假定指数体系中的其他因素不变。

（2）因素分析中各因素指数的计算需使用综合指数计算形式。

（3）分析因素对现象变动的影响时，可以从相对量和绝对量两个方面着手。相对量表现为因素指数的乘积等于总动态指数；绝对量表现为各因素的影响差额之和等于总动态差额。

2. 因素分析的类型

根据不同的划分标准，因素分析具有多种类型，具体如图 6-4 所示。

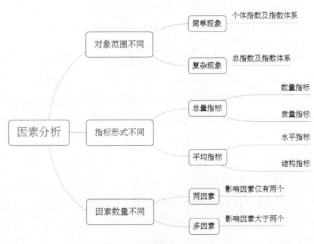

图 6-4｜因素分析的类型

6.4.3 总量指标变动的因素分析

总量指标变动的因素分析包括两因素分析和多因素分析，其中两因素分析又包括个体现象的两因素分析和复杂总体的两因素分析。

1. 个体现象的两因素分析

表 6-6 中仅涉及了 A 商品的销售数据，属于个体现象，通过分析其销售量因素和价格因素，可以知道这些因素对销售额变动的影响。下面从相对量和绝对量两个方面来说明个体现象的两因素分析过程。

表 6-6　A 商品销售数据汇总表

商品	计量单位	销售量		价格（元）		销售额（元）			
		基期 q_0	报告期 q_1	基期 p_0	报告期 p_1	$q_0 p_0$	$q_0 p_1$	$q_1 p_0$	$q_1 p_1$
A 商品	件	120	100	20	25	2400	3000	2000	2500

A 商品的个体销售量指数与个体价格指数的乘积恒等于 A 商品的个体销售额指数。同时，A 商品销售额的变动额恒等于 A 商品销售量和价格两因素的影响额之和。将个体现象总值变动的相对量分析与绝对量分析结合起来，可以得到个体现象因素分析的指数体系，其计算公式如下所示。

相对量变动：
$$\frac{q_1 p_1}{q_0 p_0} = \frac{q_1}{q_0} \cdot \frac{p_1}{p_0}$$

绝对量变动：
$$q_1 p_1 - q_0 p_0 = (q_1 - q_0) \cdot p_0 + (p_1 - p_0) \cdot q_1$$

【实验室】分析单一商品销售量与价格对销售额的影响

下面利用个体现象两因素分析的计算公式，从相对量和绝对量的角度，分别计算销售额、销售量和价格的变动数据，以此来分析销售量与价格对销售额的影响情况。

（1）相对量变动

$$A\text{商品销售额指数} = \frac{q_1 p_1}{q_0 p_0} = \frac{100 \times 25}{120 \times 20} = \frac{2500}{2400} \approx 1.0417 = 104.17\%$$

$$A\text{商品销售量指数} = \frac{q_1}{q_0} = \frac{100}{120} \approx 0.8333 = 83.33\%$$

$$A\text{商品价格指数} = \frac{p_1}{p_0} = \frac{25}{20} = 1.25 = 125\%$$

相对量上：$104.17\% \approx 83.33\% \times 125\%$

（2）绝对量变动

$$A\text{商品销售额变动的绝对量} = q_1 p_1 - q_0 p_0 = 2500 - 2400 = 100 \text{（元）}$$

$$A\text{商品销售量变动的绝对量} = (q_1 - q_0) \cdot p_0 = (100 - 120) \times 20 = -400 \text{（元）}$$

$$A\text{商品价格变动的绝对量} = (p_1 - p_0) \cdot q_1 = (25 - 20) \times 100 = 500 \text{（元）}$$

绝对量上：100（元）$= 500$（元）$+ (-400)$（元）

上述结果表明，相对量上，A 商品销售额报告期比基期增长了 4.17%。其中，由于销售量减少使得销售额减少了 16.67%，由于价格增加使得销售额增加了 25%。

绝对量上，A 商品销售额报告期比基期增加了 100 元。其中，由于销售量减少使得销售额减少了 400 元，由于价格增加使得销售额增加了 500 元。

2. 复杂总体的两因素分析

在个体现象两因素分析的基础上，表 6-7 增加了 B 商品和 C 商品的销售数据，提升为复杂总体的局面，我们同样可按相同思路进行分析。

表 6-7　多种商品销售数据汇总表

商品	计量单位	销售量		价格（元）		销售额（元）			
		基期 q_0	报告期 q_1	基期 p_0	报告期 p_1	$q_0 p_0$	$q_0 p_1$	$q_1 p_0$	$q_1 p_1$
A 商品	件	120	100	20	25	2400	3000	2000	2500
B 商品	支	1000	900	4	5	4000	5000	3600	4500
C 商品	台	60	50	290	300	17400	18000	14500	15000
合计	—	—	—	—	—	23800	26000	20100	22000

3 种商品的销售量总指数与价格总指数的乘积恒等于 3 种商品的销售额总指数。同时，3 种商品销售额的变动总额恒等于 3 种商品销售量和价格两因素的影响额之和。按照用拉氏指数编制销售量指数，用帕氏指数编制价格指数的一般原则，可以得到复杂总体因素分析的指数体系，其计算公式如下所示。

相对量变动：
$$\frac{\sum q_1 p_1}{\sum q_0 p_0} = \frac{\sum p_1 q_1}{\sum p_0 q_1} \cdot \frac{\sum q_1 p_0}{\sum q_0 p_0}$$

绝对量变动：
$$\sum q_1 p_1 - \sum q_0 p_0 = \left(\sum p_1 q_1 - \sum p_0 q_1\right) + \left(\sum q_1 p_0 - \sum q_0 p_0\right)$$

【实验室】分析多个商品的销售量与价格对销售总额的影响

下面利用复杂总体两因素分析的计算公式，同样从相对量和绝对量的角度，分别计算多个商品的销售总额、销售量和价格的变动数据，以此来分析多个商品的销售量与价格对销售总额的影响情况。

（1）相对量变动

$$销售额总指数 = \frac{\sum q_1 p_1}{\sum q_0 p_0} = \frac{22000}{23800} \approx 0.9244 = 92.44\%$$

$$销售量变动指数 = \frac{\sum q_1 p_0}{\sum q_0 p_0} = \frac{20100}{23800} \approx 0.8445 = 84.45\%$$

$$价格变动指数 = \frac{\sum p_1 q_1}{\sum p_0 q_1} = \frac{22000}{20100} \approx 1.0945 = 109.45\%$$

$$相对量上：92.44\% \approx 84.45\% \times 109.45\%$$

（2）绝对量变动

$$销售额变动的绝对量 = \sum q_1 p_1 - \sum q_0 p_0 = 22000 - 23800 = -1800（元）$$

$$销售量变动的绝对量 = \sum q_1 p_0 - \sum q_0 p_0 = 20100 - 23800 = -3700（元）$$

$$价格变动的绝对量 = \sum p_1 q_1 - \sum p_0 q_1 = 22000 - 20100 = 1900（元）$$

$$绝对量上：-1800（元）= -3700（元）+1900（元）$$

上述结果表明，相对量上，3 种商品销售总额报告期比基期减少了 7.56%。其中，由于 3 种商品的销售量减少使得销售总额减少了 15.55%，由于 3 种商品的价格增加使得销售总额增加了 9.45%。

绝对量上，3 种商品销售总额报告期比基期减少了 1800 元。其中，由于销售量减少使得销售总额减少了 3700 元，由于 3 种商品的价格增加使得销售额增加了 1900 元。

3. 总量指标的多因素分析

如果总量指受到的影响因素不止两个，同样可以利用指数体系对该总量指标进行多因素影响分析。例如，影响利润总额的因素包括销售量、价格和利润率，这 3 个因素之间的关系如下所示。

$$利润总额 = 销售量 \times 价格 \times 利润率$$

总量指标的多因素分析方法与两因素分析方法基本相同，需要注意的是，在多因素分析中，需要考虑各因素的排列顺序，不仅要考虑任何相邻因素的乘积都存在实际经济意义，还应当遵循数量指标在前、质量指标在后的一般规律。

专家点拨

保证相邻因素的乘积都存在实际的经济意义，就可以保证在对同一现象按不同方式分解或合并后，所得到的结论协调一致。

例如，上述影响利润总额的 3 个因素中，销售量属于数量指标，价格和利润率属于质量指标，销售量与价格的乘积表示销售额，价格与利润率的乘积表示单位商品利润率。假设以 q 代表销售量、p 代表价格、c 代表利润率，得到总量指标多因素分析的计算公式如下所示。

相对量变动：
$$\frac{\sum q_1 p_1 c_1}{\sum q_0 p_0 c_0} = \frac{\sum q_1 p_0 c_0}{\sum q_0 p_0 c_0} \cdot \frac{\sum q_1 p_1 c_0}{\sum q_1 p_0 c_0} \cdot \frac{\sum q_1 p_1 c_1}{\sum q_1 p_1 c_0}$$

绝对量变动：
$$\sum q_1 p_1 c_1 - \sum q_0 p_0 c_0 = (\sum q_1 p_0 c_0 - \sum q_0 p_0 c_0) + (\sum q_1 p_1 c_0 - \sum q_1 p_0 c_0) + (\sum q_1 p_1 c_1 - \sum q_1 p_1 c_0)$$

【实验室】分析多个因素对商品利润总额造成的影响

表 6-8 所示为 3 种商品在基期和报告期的销售量、价格和利润率数据，其中总量指标利润总额为销售量、价格和利润率 3 个因素的乘积。现要求分析这 3 个因素对利润总额的影响。

表 6-8　多种商品销售与利润数据汇总

商品	计量单位	销售量		价格（万元）		利润率（%）	
		基期 q_0	报告期 q_1	基期 p_0	报告期 p_1	基期 c_0	报告期 c_1
A 商品	辆	150	160	3.5	3.2	11	16
B 商品	台	250	250	1.8	1.76	30	35
C 商品	件	5000	5500	0.031	0.029	8	7

下面分别计算利润总额、销售量、价格和利润率的变动数据，以此来分析多个因素对利润总额的影响情况。

（1）利润总额的变动

$$利润总额指数 = \frac{\sum q_1 p_1 c_1}{\sum q_0 p_0 c_0} = \frac{347.57}{316.75} \approx 109.73\%$$

利润总额变动的绝对量 $= \sum q_1 p_1 c_1 - \sum q_0 p_0 c_0 = 347.57 - 316.75 = 30.82$（万元）

（2）利润总额受销售量变动的影响

$$销售量指数 = \frac{\sum q_1 p_0 c_0}{\sum q_0 p_0 c_0} = \frac{333}{316.75} \approx 105.13\%$$

销售量变动的绝对量 $= \sum q_1 p_0 c_0 - \sum q_0 p_0 c_0 = 333 - 316.75 = 16.25$（万元）

（3）利润总额受价格变动的影响

$$价格指数 = \frac{\sum q_1 p_1 c_0}{\sum q_1 p_0 c_0} = \frac{315.92}{333} \approx 94.87\%$$

价格变动的绝对量 $= \sum q_1 p_1 c_0 - \sum q_1 p_0 c_0 = 315.92 - 333 = -17.08$（万元）

（4）利润总额受利润率变动的影响

$$利润率指数 = \frac{\sum q_1 p_1 c_1}{\sum q_1 p_1 c_0} = \frac{347.57}{315.92} \approx 110.02\%$$

利润率变动的绝对量 $= \sum q_1 p_1 c_1 - \sum q_1 p_1 c_0 = 347.57 - 315.92 = 31.65$（万元）

其中，相对量数据：$109.73\% \approx 105.13\% \times 94.87\% \times 110.02\%$

绝对量数据：30.82（万元）=16.25（万元）+（-17.08）（万元）+31.65（万元）

上述结果表明，相对量上，3 种商品利润总额报告期比基期增长了 109.73%。其中，由于销售量增加使得利润总额增加了 5.13%，由于价格减少使得利润总额减少了 5.13%，由于利润率增加使得利润总额增加了 10.02%。

绝对量上，3 种商品利润总额报告期比基期增加了 30.82 万元。其中，销售量增加使得利润总额增加了 16.25 万元，价格减少使得利润总额减少了 17.08 万元，利润率增加使得利润总额增加了 31.65 万元。

6.4.4　平均指标变动的因素分析

平均指标的因素分析与总量指标的因素分析相似，区别在于平均指标指数体系中的指数是两个平均数对比的结果，总量指标指数体系中的指数则是两个总量对比的结果。

在总体分组的情况下，总体平均水平同时受到各组变量水平（x）和总体内部结构两个因素的影响，其中总体内部结构通常表现为各组单位数占总体单位数的比重（$\frac{f}{\sum f}$）。

借用指数体系和因素分析法，假设 $\bar{x}$ 为平均指标，可以得到平均指标因素分析的指数体系如下所示。

$$可变构成指数=结构影响指数×固定构成指数$$

即：

$$\bar{x} = \frac{\sum xf}{\sum f} = \sum x \cdot \frac{f}{\sum f}$$

其中，相对量变动公式如下所示。

$$\frac{\dfrac{\sum x_1 f_1}{\sum f_1}}{\dfrac{\sum x_0 f_0}{\sum f_0}} = \frac{\dfrac{\sum x_0 f_1}{\sum f_1}}{\dfrac{\sum x_0 f_0}{\sum f_0}} \times \frac{\dfrac{\sum x_1 f_1}{\sum f_1}}{\dfrac{\sum x_0 f_1}{\sum f_1}}$$

可变构成指数 ┃ 结构影响指数 ┃ 固定构成指数

简记为：

$$\frac{\bar{x_1}}{\bar{x_0}} = \frac{\bar{x_n}}{\bar{x_0}} \times \frac{\bar{x_1}}{\bar{X_n}}$$

专家点拨

可变构成指数综合反映各组变量值和结构两个因素共同变化所引起的总平均数的相对变动；结构影响指数将各组变量值固定在基期，单独反映总体内部结构的变化对总平均数相对变动的影响；固定构成指数将总体结构固定在报告期的水平上，单独反映各组变量值的变化对总平均数相对变动的影响。

绝对量变动公式如下所示。

$$\frac{\sum x_1 f_1}{\sum f_1} - \frac{\sum x_0 f_0}{\sum f_0} = \left(\frac{\sum x_0 f_1}{\sum f_1} - \frac{\sum x_0 f_0}{\sum f_0} \right) + \left(\frac{\sum x_1 f_1}{\sum f_1} - \frac{\sum x_0 f_1}{\sum f_1} \right)$$

简记为：

$$\bar{x_1} - \bar{x_0} = \left(\bar{x_n} - \bar{x_0} \right) + \left(\bar{x_1} - \bar{x_n} \right)$$

【实验室】分析商场职工平均工资的变动情况

某集团下属 3 个商场的职工人数和工资如表 6-9 所示。试分析该集团总平均工资水平的变动情况，以及各商场工资水平及人数结构因素对总平均工资水平的影响程度和绝对数额。

表 6-9　各商场职工人数与工资

商品	平均工资（元）		职工人数（人）		工资总额（万元）		
	x_0	x_1	f_0	f_1	$x_0 f_0$	$x_1 f_1$	$x_0 f_1$
A 商场	3100	3500	150	180	46.5	63	55.8
B 商场	4400	4800	120	150	52.8	72	66
C 商场	4700	5300	200	180	94	95.4	84.6
合计	4066.67	4533.33	470	510	193.3	230.4	206.4

下面首先分别计算出 $\bar{x_1}$、$\bar{x_0}$、$\bar{x_n}$，然后计算总平均工资的相对量变动和绝对量变动，并分析职工人数结构变动和平均工资水平变动对总平均工资的影响。

$$\overline{x_1} = \frac{\sum x_1 f_1}{\sum f_1} = \frac{230.4 \times 10000}{510} \approx 4517.65 \text{（元）}$$

$$\overline{x_0} = \frac{\sum x_0 f_0}{\sum f_0} = \frac{193.3 \times 10000}{470} \approx 4112.77 \text{（元）}$$

$$\overline{x_n} = \frac{\sum x_0 f_1}{\sum f_1} = \frac{206.4 \times 10000}{510} \approx 4047.06 \text{（元）}$$

因此，总平均工资的相对量变动为：

$$\frac{\overline{x_1}}{\overline{x_0}} = \frac{4517.65}{4112.77} \approx 1.0984 = 109.84\%$$

绝对量变动为：

$$\overline{x_1} - \overline{x_0} = 4517.65 - 4112.77 = 404.88 \text{（元）}$$

其中，总平均工资受各商场职工人数结构变动的影响为：

$$\frac{\overline{x_n}}{\overline{x_0}} = \frac{4047.06}{4112.77} \approx 0.9840 = 98.40\%$$

$$\overline{x_n} - \overline{x_0} = 4047.06 - 4112.77 = -65.71 \text{（元）}$$

总平均工资受各商场平均工资水平变动的影响为：

$$\frac{\overline{x_1}}{\overline{x_n}} = \frac{4517.65}{4047.06} \approx 1.1163 = 111.63\%$$

$$\overline{x_1} - \overline{x_n} = 4517.65 - 4047.06 = 470.59 \text{（元）}$$

上述结果表明，报告期的总平均工资水平比基期的总平均工资水平提高了 9.84%，职工平均工资增加了 404.88 元。其中，由于职工人数结构变动导致总工资水平下降了 1.60%，职工平均工资降低了 65.71 元；各商品平均工资水平的变动，导致总工资水平提高了 11.63%，职工平均工资增加了 470.59 元。

6.5 课堂实训——产品总成本变动分析

本章主要介绍统计指数的知识，主要包括统计指数的概念、作用、种类，综合指数的计算，平均指数的计算，以及指数体系和因素分析等内容。下面将利用 Excel 来完成产品总成本变动分析的计算分析。

6.5.1 实训目标及思路

某企业生产了 3 种产品，各产品的产量与单位成本在基期和报告期均发生了不同的变化，该企业需要利用这些数据在 Excel 中进行综合指数与平均指数的计算与分析。其中，综合指数需要完成拉氏指数与帕氏指数的计算，平均指数需要完成加权平均指数与调和平均指数的计算，具体操作思路如图 6-5 所示。

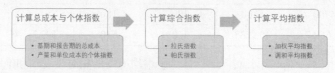

图 6-5 | 综合指数与平均指数操作思路

6.5.2　操作方法

本实训的具体操作如下所示。

（1）打开"总成本分析.xlsx"工作簿（配套资源：素材\第 6 章\总成本分析.xlsx），其中已经事先采集了 3 种产品在基期和报告期的产量与单位成本。下面首先计算基期各产品的总成本，选择 I3:I5 单元格区域，在编辑栏中输入"=C3*E3"，按【Ctrl+Enter】组合键返回计算结果，如图 6-6 所示。

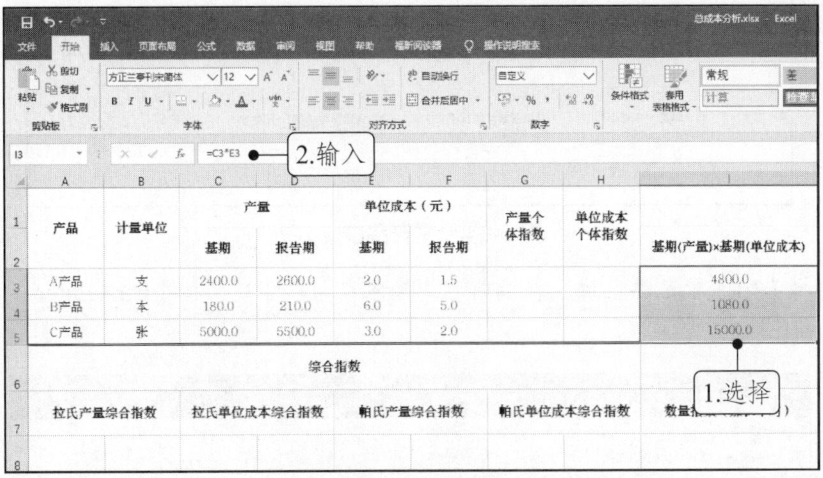

产品总成本变动分析

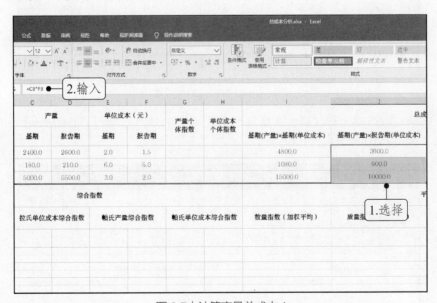

图 6-6 | 计算基期总成本

（2）选择 J3:J5 单元格区域，在编辑栏中输入"=C3*F3"，按【Ctrl+Enter】组合键返回计算结果，如图 6-7 所示。

图 6-7 | 计算产品总成本 1

（3）选择 K3:K5 单元格区域，在编辑栏中输入"=D3*E3"，按【Ctrl+Enter】组合键返回计算结果，如图 6-8 所示。

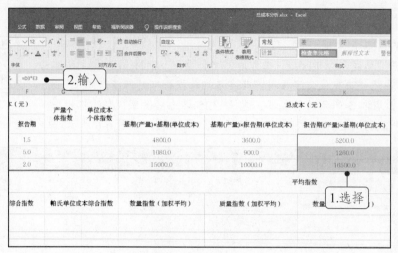

图 6-8 | 计算产品总成本 2

（4）选择 L3:L5 单元格区域，在编辑栏中输入"=D3*F3"，按【Ctrl+Enter】组合键返回计算结果，如图 6-9 所示。

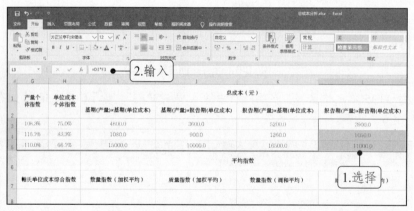

图 6-9 | 计算报告期总成本

（5）选择 G3:G5 单元格区域，在编辑栏中输入"=D3/C3"，按【Ctrl+Enter】组合键返回计算结果，如图 6-10 所示。

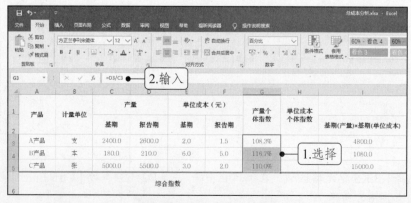

图 6-10 | 计算产量个体指数

（6）选择 H3:H5 单元格区域，在编辑栏中输入"=F3/E3"，按【Ctrl+Enter】组合键返回计算结果，如图 6-11 所示。

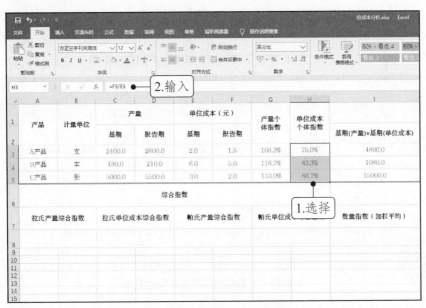

图 6-11｜计算单位成本个体指数

（7）选择 A8 单元格，在编辑栏中输入"=SUM(K3:K5)/SUM(I3:I5)"，表示利用拉氏数量指数公式 $I_q = \dfrac{\sum q_1 p_0}{\sum q_0 p_0}$，计算 3 种产品产量的变动情况。按【Ctrl+Enter】组合键返回计算结果，说明在维持基期单位成本不变的前提下，报告期 3 种产品的产量总体大约增加了 9.96%，如图 6-12 所示。

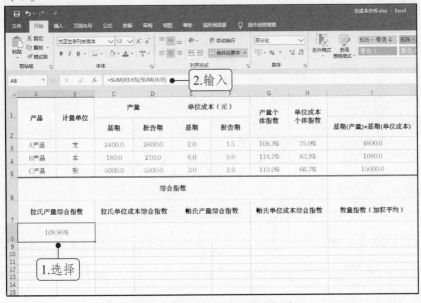

图 6-12｜计算拉氏产量综合指数

（8）选择 C8 单元格，在编辑栏中输入"=SUM(J3:J5)/SUM(I3:I5)"，表示利用拉氏质量

指数公式 $I_p = \dfrac{\sum p_1 q_0}{\sum p_0 q_0}$，计算 3 种产品单位成本的变动情况。按【Ctrl+Enter】组合键返回计算结果，说明在维持基期产量不变的前提下，报告期 3 种产品的单位成本总体大约下降了30.56%，如图 6-13 所示。

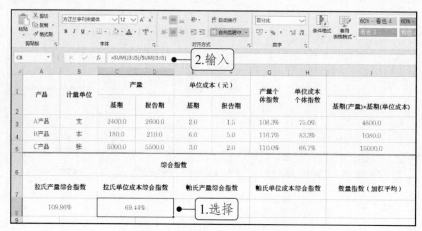

图 6-13｜计算拉氏单位成本综合指数

（9）选择 E8 单元格，在编辑栏中输入"=SUM(L3:L5)/SUM(J3:J5)"，表示利用帕氏数量指数公式 $I_q = \dfrac{\sum q_1 p_1}{\sum q_0 p_1}$，计算 3 种产品产量的变动情况。按【Ctrl+Enter】组合键返回计算结果，说明在维持报告期单位成本不变的前提下，报告期 3 种产品的产量总体大约增加了 10%，如图 6-14 所示。

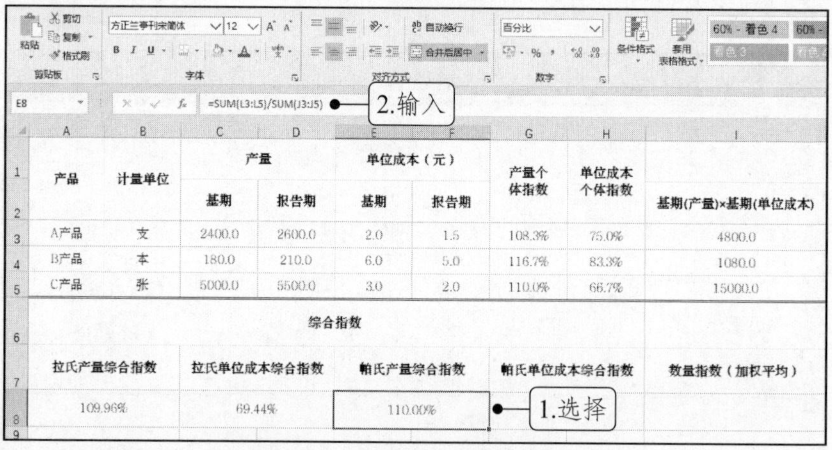

图 6-14｜计算帕氏产量综合指数

（10）选择 G8 单元格，在编辑栏中输入"=SUM(L3:L5)/SUM(K3:K5)"，表示利用帕氏质量指数公式 $I_p = \dfrac{\sum p_1 q_1}{\sum p_0 q_1}$，计算 3 种产品单位成本的变动情况。按【Ctrl+Enter】组合键返回计算结果，说明在维持报告期产量不变的前提下，报告期 3 种产品的单位成本总体大约下降了30.53%，如图 6-15 所示。

图 6-15 | 计算帕氏单位成本综合指数

（11）选择 I8 单元格，在编辑栏中输入"=(G3*I3+G4*I4+G5*I5)/SUM(I3:I5)"，表示利用加权算术平均指数的数量指数公式 $\bar{k}_q = \dfrac{\sum k_q \cdot p_0 q_0}{\sum p_0 q_0}$，计算 3 种产品平均产量的变动情况。按【Ctrl+Enter】组合键返回计算结果，说明该指数与拉氏产量综合指数的结果是一致的，当资料无法采集完整时，可以利用加权算术平均指数的数量指数计算拉氏综合数量指数，如图 6-16 所示。

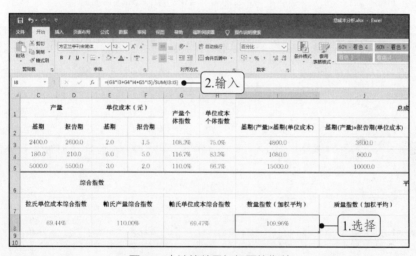

图 6-16 | 计算数量加权平均指数

（12）选择 J8 单元格，在编辑栏中输入"=(H3*I3+H4*I4+H5*I5)/SUM(I3:I5)"，表示利用加权算术平均指数的质量指数公式 $\bar{k}_p = \dfrac{\sum k_p \cdot p_0 q_0}{\sum p_0 q_0}$，计算 3 种产品平均单位成本的变动情况。按【Ctrl+Enter】组合键返回计算结果，说明该指数与拉氏单位成本综合指数的结果是一致的，当资料无法采集完整时，可以利用加权算术平均指数的质量指数计算拉氏综合质量指数，如图 6-17 所示。

（13）选择 K8 单元格，在编辑栏中输入"=SUM(L3:L5)/(1/G3*L3+1/G4*L4+1/G5*L5)"，表示利用调和算术平均指数的数量指数公式 $\bar{k}_q = \dfrac{\sum p_1 q_1}{\sum \dfrac{1}{k_q} \cdot p_1 q_1}$，计算 3 种产品平均产量的变动

情况。按【Ctrl+Enter】组合键返回计算结果，说明该指数与帕氏产量综合指数的结果是一致的，当资料无法采集完整时，可以利用调和算术平均指数的数量指数计算帕氏综合数量指数，如图6-18所示。

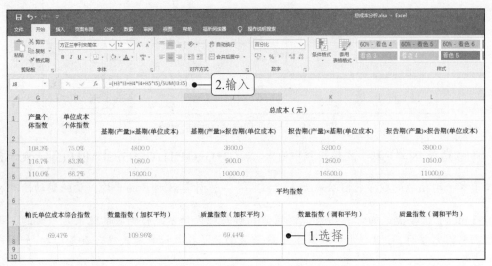

图6-17 | 计算质量加权平均指数

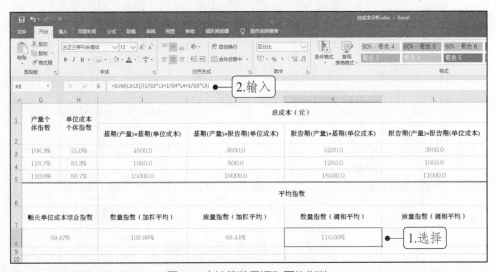

图6-18 | 计算数量调和平均指数

（14）选择L8单元格，在编辑栏中输入"=SUM(L3:L5)/(1/H3*L3+1/H4*L4+1/H5*L5)"，表示利用加权算术平均指数的质量指数公式 $\overline{k}_p = \dfrac{\sum p_1 q_1}{\sum \dfrac{1}{k_p} \cdot p_1 q_1}$ ，计算3种产品平均单位成本的

变动情况。按【Ctrl+Enter】组合键返回计算结果，说明该指数与帕氏单位成本综合指数的结果是一致的，当资料无法采集完整时，可以利用调和算术平均指数的质量指数计算帕氏综合质量指数（配套资源：效果\第6章\总成本分析.xlsx），如图6-19所示。

图 6-19 | 计算质量调和平均指数

 6.6 课后练习

（1）广义上的统计指数和狭义上的统计指数有何不同？

（2）简述统计指数的不同种类。

（3）什么是同度量因素？它有什么作用？

（4）拉氏指数和帕氏指数有什么区别？它们的数量指数公式和质量指数公式各是什么？

（5）综合指数与平均指数的区别有哪些？

（6）假设获取了全面的资料，则加权算术平均指数和加权调和平均指数各是谁的变形？请用公式说明。

（7）什么是固定权数的平均指数？

（8）如何理解指数体系与因素分析？

（9）甲商品基期和报告期的销售量、价格与销售额数据如表 6-10 所示，请从相对量和绝对量的角度来分析销售量与价格对该商品销售额的影响情况。

表 6-10 甲商品销售数据汇总表

商品	计量单位	销售量		价格（元）		销售额（万元）			
		基期 q_0	报告期 q_1	基期 p_0	报告期 p_1	$q_0 p_0$	$q_0 p_1$	$q_1 p_0$	$q_1 p_1$
甲商品	套	3600	3800	60	62	21.60	22.32	22.80	23.56

（10）甲、乙、丙 3 种商品基期和报告期的销售量、价格与销售额数据如表 6-11 所示，请从相对量和绝对量的角度来分析所有商品的销售量与价格对该所有商品销售额的影响情况。

表 6-11 多种商品销售数据汇总表

商品	计量单位	销售量		价格（元）		销售额（万元）			
		基期 q_0	报告期 q_1	基期 p_0	报告期 p_1	$q_0 p_0$	$q_0 p_1$	$q_1 p_0$	$q_1 p_1$
甲商品	套	3600	3800	60	62	21.60	22.32	22.80	23.56
乙商品	台	180	160	240	260	4.32	4.68	3.84	4.16
丙商品	双	6000	6800	20	18	12.00	10.80	13.60	12.24
合计	—	—	—	—	—	37.92	37.80	40.24	39.96

第 7 章

相关与回归分析

【学习目标】

➤ 熟悉相关关系和回归分析的含义、类型
➤ 掌握相关系数的计算与使用
➤ 掌握一元线性回归的分析方法
➤ 了解多元线性回归的分析方法

相关与回归分析是了解变量之间是否存在关系的典型分析方法，二者是相辅相成的，相关分析是回归分析的前提，回归分析则是相关分析的延续。本章将详细介绍相关分析与回归分析的具体实现方法，掌握确定变量关系的方法。

7.1 相关分析

相关分析研究的是变量之间是否存在相关关系，因此需要从相关关系的含义、类型，以及相关系数等角度出发，才能更好地掌握相关分析的方法。

7.1.1 相关关系与函数关系

相关关系是指变量之间的某种数量关系，与之对应的是函数关系，下面首先说明变量的函数关系，这样可以更容易理解相关关系的含义。

1. 函数关系

假设有两个变量 x 和 y，函数关系就是指这两个变量一一对应的关系，即一个变量的数值完全由另外一个变量的数值所决定。日常生活中有许多这样的关系，如商品的销售额与销售量之间的关系，圆面积与圆半径的关系等，都属于一一对应的函数关系。

统计学上，如果变量 y 随变量 x 一起变化，并完全依赖于 x，当变量 x 取某个数值时，变量 y 按照确定的关系取相应的值，则称 y 是 x 的函数，记为 $y = f(x)$，其中称 x 为自变量，y 为因变量，如图 7-1 所示。

2. 相关关系

与函数关系相对应，相关关系是指变量之间存在一种不确定的数量关系，即一个变量发生变化时，另一个变量也会发生变化，但具体变化的数量不是确定的，只是在一定的范围内而已。日常生活中，相关关系是非常普遍的，如父母身高与子女身高的关系，商品消费量与居民收入的关系等，考察它们的关系时，由于其他因素的存在，二者之间的量化关系就不是完全确定的，而是带有随机的成分。如图 7-2 所示，所有观测点分布在一条直线的周围。

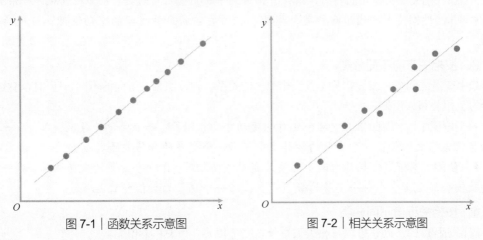

图 7-1 │ 函数关系示意图   图 7-2 │ 相关关系示意图

7.1.2　相关关系的类型

变量之间的相关关系可以从不同的角度进行分类，如图 7-3 所示。

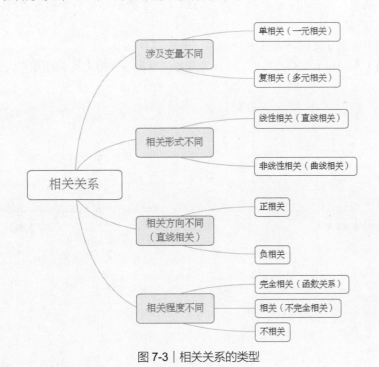

图 7-3 │ 相关关系的类型

1. 按涉及变量不同分类

按相关关系涉及的变量多少，可以将相关关系分为单相关和复相关两种。

- **单相关**│也称一元相关，指两个变量之间的相关关系。

- **复相关** | 也称多元相关，指多个变量之间的相关关系。

2. 按相关形式不同分类

按相关关系表现出的形式不同，可以将相关关系分为线性相关和非线性相关。

- **线性相关** | 也称直线相关，指具有相关关系的变量之间的变动近似地表现为一条直线。
- **非线性相关** | 也称曲线相关，指具有相关关系的变量之间的变动近似地表现为一条曲线。

3. 按相关方向不同分类

如果变量之间存在线性相关（直线相关）的关系，则按照相关方向的不同，还可以将线性相关分为正相关和负相关。

- **正相关** | 指线性相关中两个变量的变动方向相同，即一个变量的数值增加，另一个变量的数值也随之增加；一个变量的数值减少，另一个变量的数值也随之减少。
- **负相关** | 指线性相关中两个变量的变动方向相反，即一个变量的数值增加，另一个变量的数值会随之减少；一个变量的数值减少，另一个变量的数值会随之增加。

4. 按相关程度不同分类

按相关程度的不同，可以将相关关系分为完全相关、相关和不相关。

- **完全相关** | 指一个变量的取值完全依赖于另一个变量，此时完全相关等效于函数关系。
- **相关** | 也称不完全相关，其相关关系的程度介于完全相关和不相关之间，观测点总体来看会分布在一条直线的周围。
- **不相关** | 指变量之间不存在相关关系，无规律可循。

图 7-4 反映了不同相关关系的类型，可以直观地表现出各种相关关系的情况。

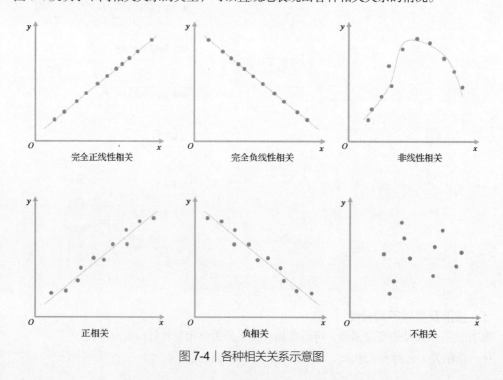

图 7-4 | 各种相关关系示意图

7.1.3 相关系数

相关分析首先需要判断变量之间是否存在相关关系，如果存在，还需要分析相关关系的形态、方向和程度。解决这些问题，最常使用的就是散点图和相关系数这两种工具。虽然散点图能直观地看出变量之间的大致关系，包括该关系的形态、方向和程度，但不能准确反映变量之间关系的密切程度。此时就需要利用相关系数来解决这个问题。

专家点拨

> 前文中的图 7-1、图 7-2、图 7-4，实际上就是典型的散点图，它是根据相关变量对应数值在坐标系中绘出的散点而形成的二维图。在坐标系中，横轴代表变量 x，纵轴代表变量 y，每组数据 (x,y) 便形成坐标系中的一个点。

1. 相关系数的计算公式

相关系数是度量变量之间关系程度和方向的统计量，对两个变量之间线性相关的度量称为简单相关系数。如果相关系数是根据总体全部数据计算的，则称为总体相关系数，记为 ρ；如果相关系数是根据样本数据计算的，则称为样本相关系数，简称为相关系数，记为 r。

样本相关系数的计算公式为：

$$r = \frac{\sigma^2_{xy}}{\sigma_x \cdot \sigma_y}$$

上式中，σ^2_{xy} 为 xy 的协方差，σ_x 为变量 x 的标准差，σ_y 为变量 y 的标准差。因此，上式可以转化为以下公式：

$$r = \frac{\sum(x-\bar{x})(y-\bar{y})}{\sqrt{\sum(x-\bar{x})^2} \cdot \sqrt{\sum(y-\bar{y})^2}}$$

简化为：

$$r = \frac{n\sum xy - \sum x \sum y}{\sqrt{n\sum x^2 - (\sum x)^2} \cdot \sqrt{n\sum y^2 - (\sum y)^2}}$$

上式中，n 为变量 x 和 y 的数量，x 为变量 x 的实际观察值，y 为变量 y 的实际观察值。

专家点拨

> 协方差表示的是两个变量的总体的误差，方差是协方差的一种特殊情况，当两个变量相同时，两个变量就变为一个变量，此时的协方差就等效于方差。

【实验室】分析产品产量与单位成本之间的关系

某企业 2020 年上半年研发并生产了一种新型产品，每个月该产品的产量和单位成本如图 7-5 所示，试根据该散点图计算出相关系数。

虽然样本数量较少，但从散点图中仍然可以直观地看出单位成本与产量之间呈负相关关系。将仅有的数据罗列到表格中，利用相关系数的计算公式即可得到最终的结果，现将相关数据整理到表 7-1 中。

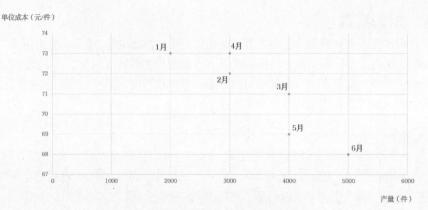

图 7-5 | 产量与单位成本散点图

表 7-1 产量与单位成本数据汇总

月份	产量（千件）x	单位成本（元/件）y	x^2	y^2	xy
1	2	73	4	5329	146
2	3	72	9	5184	216
3	4	71	16	5041	284
4	3	73	9	5329	219
5	4	69	16	4761	276
6	5	68	25	4624	340
合计	21	426	79	30268	1481

单位成本与产量的相关系数为：

$$r = \frac{n\sum xy - \sum x \sum y}{\sqrt{n\sum x^2 - \left(\sum x\right)^2} \cdot \sqrt{n\sum y^2 - \left(\sum y\right)^2}}$$

$$= \frac{6 \times 1481 - 21000 \times 426}{\sqrt{6 \times 79 - 21000^2} \times \sqrt{6 \times 30268 - 426^2}}$$

$$= -0.909$$

2. 相关系数的取值范围

实际上，并不是只能通过散点图才能发现变量之间的相关关系，通过相关系数的取值，更能准确说明相关关系的具体情况。

总体来说，相关系数的取值范围如图 7-6 所示。

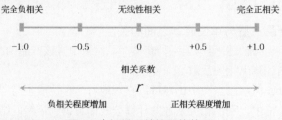

图 7-6 | 相关系数的取值范围

也就是说，相关系数 r 的取值范围是[-1,1]，具体需要注意以下几点。

- $|r|=1$ 表示变量之间完全相关。其中，$r=-1$，表示完全负相关；$r=1$，表示完全正相关。
- $r=0$，表示变量之间不存在线性相关关系。
- 当 $-1 \leqslant r < 0$ 时，变量之间呈负相关关系。
- 当 $0 < r \leqslant 1$ 时，变量之间呈正相关关系。
- $|r|$ 越趋近于 1，表示相关关系的程度越强；$|r|$ 越趋近于 0，表示相关关系的程度越弱。

根据长期积累下来的经验，当 r 值处在不同的范围时，可以判断变量之间相关关系的强弱，具体如下所示。

- $|r|=1$，变量之间完全线性相关。
- $0.8 \leqslant |r| < 1$，变量之间高度线性相关。
- $0.5 \leqslant |r| < 0.8$，变量之间中度线性相关。
- $0.3 \leqslant |r| < 0.5$，变量之间低度线性相关。
- $|r| < 0.3$，变量之间弱线性相关，可视为不相关。

因此，前例中计算出的单位成本与产量之间的相关系数为 -0.909，说明二者的关系为高度负相关，这与其散点图上反映的效果一致。

【实验室】使用 Excel 计算相关系数

某企业收集了全年各月的销售收入与每月投入的广告费用数据，如表 7-2 所示，现需要利用这些数据分析销售收入与广告费用的相关关系。

表 7-2　全年各月销售收入与广告费用数据汇总

月份	月广告费用（万元）x	月销售收入（万元）y
1	35	650
2	30	591
3	28	570
4	18	540
5	21	570
6	24	564
7	17	520
8	21	565
9	32	595
10	30	610
11	25	560
12	25	570

在 Excel 中可以使用 CORREL 函数计算相关系数，下面分别利用公式手动计算和借助该函数计算，检验二者结果是否一致的同时，完成销售收入与广告费用相关关系的分析，其具体操作如下所示。

使用 Excel 计算
相关系数

（1）打开"相关系数.xlsx"工作簿（配套资源：素材\第 7 章\相关系数.xlsx），选择 D2:D13 单元格区域，在编辑栏中输入"=B2^2"，按【Ctrl+Enter】组合键计算每月广告费用的平方数，如图 7-7 所示。

（2）选择 E2:E13 单元格区域，在编辑栏中输入"=C2^2"，按【Ctrl+Enter】组合键计算每月销售收入的平方数，如图 7-8 所示。

图 7-7 | 计算广告费用平方数

图 7-8 | 计算销售收入平方数

（3）选择 F2:F13 单元格区域，在编辑栏中输入"=B2*C2"，按【Ctrl+Enter】组合键计算每月广告费用与销售收入的乘积，如图 7-9 所示。

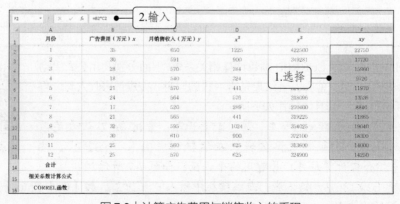

图 7-9 | 计算广告费用与销售收入的乘积

（4）选择 B14:F14 单元格区域，在编辑栏中输入"=SUM(B2:B13)"，按【Ctrl+Enter】组合键合计各个项目的数据，如图 7-10 所示。

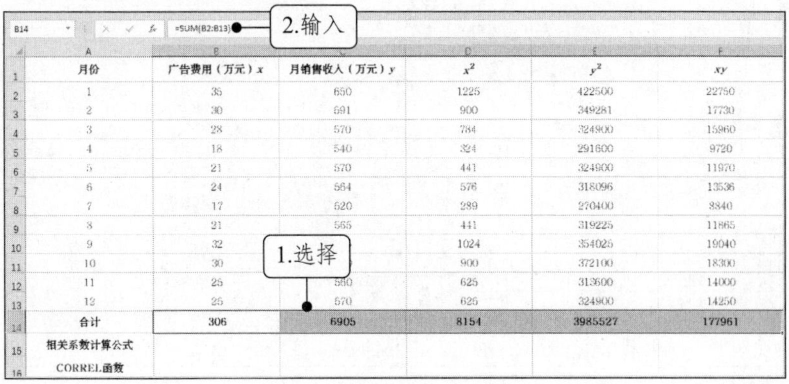

图 7-10 | 合计各个项目的数据

（5）选择 B15 单元格区域，在编辑栏中输入"=(12*F14-B14*C14)"，即相关系数计算公式的分子部分"$n\sum xy - \sum x \sum y$"，如图 7-11 所示。

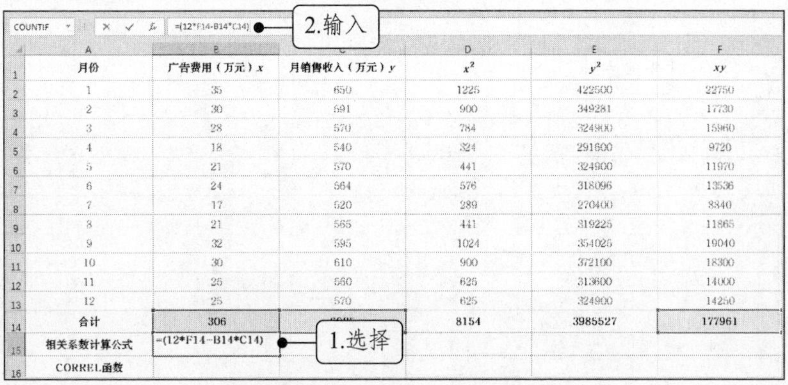

图 7-11 | 输入计算公式的分子部分

（6）继续在编辑栏中输入"/(SQRT(12*D14-B14^2)*SQRT(12*E14-C14^2))"，该部分即相关系数计算公式的分母部分"$\sqrt{n\sum x^2 - \left(\sum x\right)^2} \cdot \sqrt{n\sum y^2 - \left(\sum y\right)^2}$"，如图 7-12 所示。

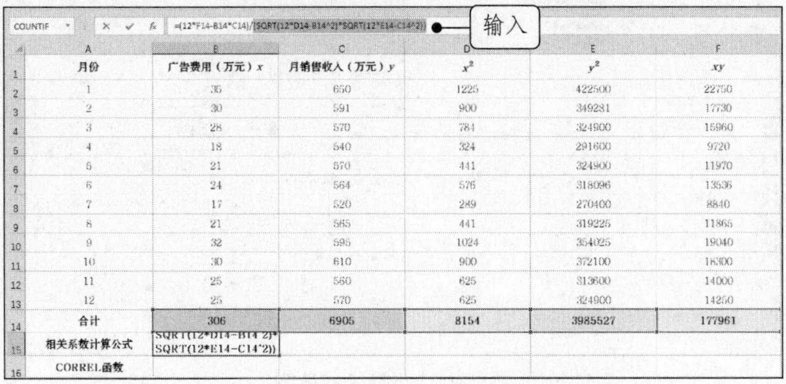

图 7-12 | 输入计算公式的分母部分

（7）按【Ctrl+Enter】组合键返回相关系数的结果，如图 7-13 所示。

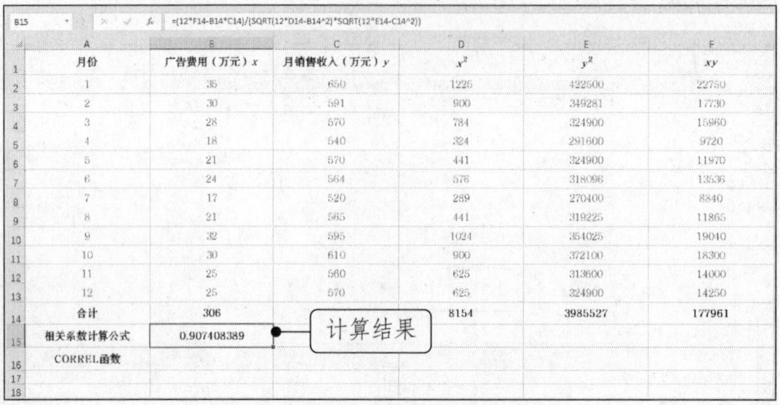

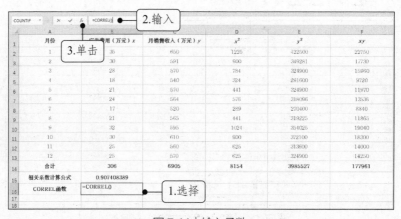

图 7-13 | 计算相关系数

（8）选择 B16 单元格，在编辑栏中输入"=CORREL()"，然后单击左侧的"插入函数"按钮 *fx*，如图 7-14 所示。

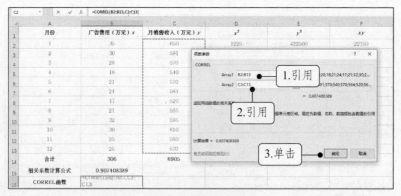

图 7-14 | 输入函数

（9）打开"函数参数"对话框，在"Array1"文本框中引用 B2:B13 单元格区域的地址，在"Array2"文本框中引用 C2:C13 单元格区域的地址，单击 确定 按钮，如图 7-15 所示。

图 7-15 | 设置函数参数

（10）返回函数计算结果，证明相关系数计算公式与 CORREL 函数返回的结果是一致的（配套资源：效果\第 7 章\相关系数.xlsx）。由此可见，销售收入与广告费用的相关系数为 0.9074，说明二者之间存在高度的正相关关系，即广告费用投入的增加能够使销售收入得以增长，如图 7-16 所示。

月份	广告费用（万元）x	月销售收入（万元）y	x^2	y^2	xy
1	35	650	1225	422500	22750
2	30	591	900	349281	17730
3	28	570	784	324900	15960
4	18	540	324	291600	9720
5	21	570	441	324900	11970
6	24	564	576	318096	13536
7	17	520	289	270400	8840
8	21	565	441	319225	11865
9	32	595	1024	354025	19040
10	30	610	900	372100	18300
11	25	560	625	313600	14000
12	25	570	625	324900	14250
合计	306	6905	8154	3985527	177961
相关系数计算公式	0.907408389				
CORREL 函数	0.907408389			计算结果	

图 7-16 | 返回计算结果

专家点拨

相关系数仅仅是变量之间线性关系的一个度量，它不能用于描述非线性关系。也就是说，即便相关系数的取值为 0，它只能表示变量之间不存在线性相关关系，并不能说明变量之间没有其他关系。

7.2 回归分析

回归分析是对具有密切关系的两个变量，根据其相关形式，选择一个合适的数学关系式，以此来表现变量之间平均变化程度的一种统计分析方法。它可以将具有相关关系的变量之间不确定的数量关系通过函数表达式表现出来，用以说明变量之间的数量依存关系。

7.2.1 回归分析与相关分析的区别

回归分析虽然与相关分析有一定的联系，但二者还是有明显区别的，具体如下所示。

（1）相关分析中，变量 x 与变量 y 处于平等的地位；回归分析中，变量 y 称为因变量，处在被解释的地位，变量 x 称为自变量，用于预测因变量的变化。

（2）相关分析中所涉及的变量 x 和 y 都是随机变量；回归分析中，因变量 y 是随机变量，自变量 x 是非随机的确定变量。

（3）相关分析主要是描述两个变量之间线性关系的密切程度；回归分析不仅可以揭示变量 x 对变量 y 的影响大小，还可以由回归方程进行预测和控制。

7.2.2 一元线性回归分析

一元线性回归分析是指仅涉及一个自变量的回归分析，且因变量与自变量之间需为线性关系。

1. 一元线性回归模型

一元线性回归模型可表示如下。

$$y = \beta_0 + \beta_1 x + \varepsilon$$

该模型中，因变量 y 是自变量 x 的线性函数（$\beta_0 + \beta_1 x$）与误差项 ε 的结果，线性部分反映了由于自变量 x 的变化而引起的因变量 y 的变化，误差项 ε 则是随机变量，反映了除因变量 y 和自变量 x 之间的线性关系外的随机因素对因变量 y 的影响。β_0 和 β_1 称为模型的参数。

2. 一元线性回归方程

描述因变量 y 的平均值或期望值如何依赖于自变量 x 的方程称为一元线性回归方程，其公式如下所示。

$$E(y) = \beta_0 + \beta_1 x$$

一元线性回归方程的图示表现为一条直线，因此也称为直线回归方程。其中，β_0 是回归直线在 y 轴上的截距，β_1 是直线的斜率，称为回归系数，表示当自变量 x 变动一个单位时，因变量 y 的平均变动值。

3. 估计的一元线性回归方程

如果总体回归参数 β_0 和 β_1 是未知的，就需要利用样本数据进行估计。此时需要利用样本统计量 $\hat{\beta}_0$ 和 $\hat{\beta}_1$ 代替一元线性回归方程中的未知参数 β_0 和 β_1，这样就得到了估计的一元线性回归方程，其公式如下所示。

$$\hat{y} = \hat{\beta}_0 + \hat{\beta}_1 x$$

该公式可转化为更为常见的形式：

$$\hat{y} = a + bx$$

其中，a 是估计的回归直线在 y 轴上的截距，b 是回归直线的斜率，$\hat{y}$ 是 y 的估计值，也表示自变量 x 变动一个单位时，因变量 y 的平均变动值。

4. 最小二乘估计

最小二乘估计是指采用最小二乘法使因变量 x 的观察值与估计值之间的离差平方和达到最小，以此来求得参数 a 和 b 的方法，即：

$$Q = \sum (y - \hat{y})^2 = \sum (y - a - bx)^2 = 最小$$

之所以采用最小二乘法来估计参数 a 和 b，是因为用最小二乘法拟合的直线来代表 x 和 y 之间的关系与实际数据的离差比其他任何直线都小。图 7-17 所示即为最小二乘法的计算示意，即散点图中的点与该直线之间的距离的平方和，小于散点图中的点与任何其他拟合直线之间距离的平方和。

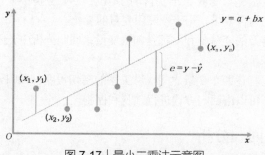

图 7-17 | 最小二乘法示意图

由此，利用最小二乘法可以求得参数 a 和 b，其计算方程组如下所示。

$$\frac{\partial Q}{\partial a} = 2\sum(y-a-bx)(-1) = 0$$

$$\frac{\partial Q}{\partial b} = 2\sum(y-a-bx)(-x) = 0$$

求解上述方程组，可得参数 b 和 a 的值分别如下所示。

$$b = \frac{n\sum xy - \sum x\sum y}{n\sum x^2 - \left(\sum x\right)^2}$$

$$a = \overline{y} - b\overline{x}$$

【实验室】利用回归分析预测单位成本

根据表 7-3 所示的企业上半年产量与单位成本的数据，建立一元线性回归方程，说明回归系数的经济含义，并根据该方程预测产量在 6000 件时单位成本的数值。

表 7-3　产量与单位成本数据汇总

月份	产量（千件）x	单位成本（元/件）y	x^2	xy
1	2	73	4	146
2	3	72	9	216
3	4	71	16	284
4	3	73	9	219
5	4	69	16	276
6	5	68	25	340
合计	21	426	79	1481

由于产量与单位成本数据属于样本数据，因此利用估计的一元线性回归方程 $\hat{y} = a + bx$ 来计算参数的值。该方程中因变量 $\hat{y}$ 代表单位成本，自变量 x 代表产量。

$$b = \frac{n\sum xy - \sum x\sum y}{n\sum x^2 - \left(\sum x\right)^2} = \frac{6\times1481 - 21\times426}{6\times79 - 21^2} = -1.818$$

$$a = \overline{y} - b\overline{x} = \frac{\sum y}{n} - b\frac{\sum x}{n} = \frac{426}{6} - (-1.818)\times\frac{21}{6} = 77.363$$

因此，单位成本与产量的一元线性回归方程表示如下。

$$\hat{y} = 77.363 - 1.818x$$

其中，"-1.818"即回归系数，它表示产量每增加 1000 件，单位成本平均会减少 1.818 元。如果需要预测 6000 件产量的单位成本，直接将其代入公式计算，即：

$$\hat{y} = 77.363 - 1.818x = 77.363 - 1.818\times6 = 66.455$$

说明当产量为 6000 件时，单位成本估计为 66.46 元。

7.2.3　一元线性回归检验

虽然可以根据总体数据或样本数据建立一元线性回归方程，但该方程能否用于对变量的预测与控制，是否具备较高的准确性等，都需要通过统计学意义上的检验与判断才能决定。下面重点介绍一元线性回归方程最常见的检验方法，即拟合优度检验和显著性检验。

1. 拟合优度检验

回归直线与各观测点的接近程度称为回归直线对数据的拟合优度。如果观测点越靠近直线，则说明回归直线对数据的拟合度越好；如果观测点越远离直线，则说明回归直线对数据的拟合度越差。

总体来看，反映回归直线拟合优度的指标主要有判定系数和估计标准误差两种。

（1）判定系数

判定系数一般用 R^2 表示，其含义是通过因变量 y 的变差来解释的。对于某一个观察值来说，其变差的大小可以用实际观察值 y 与其均值的离差 $y-\bar{y}$ 来表示；对于 n 个观察值来说，其变差的总和应由这些变差的平方和 $\sum(y-\bar{y})^2$ 来表示。

实际观察值 y 的变动，一方面是由自变量 x 的变动引起的，另一方面是由自变量 x 以外的其他因素引起的。由此，可以把实际观察值 y 的总变差 $\sum(y-\bar{y})^2$（记为 SST）分为两部分，一是由自变量 x 和因变量 y 的线性关系引起的 y 的变化部分，称为回归变差，是回归值 $\hat{y}$ 与均值 $\bar{y}$ 的离差平方和 $\sum(\hat{y}-\bar{y})^2$，称回归平方和，记为 SSR；二是由自变量 x 和因变量 y 的线性影响之外的其他因素引起的 y 的变化部分，即不能由自变量 x 解释的因变量 y 的变化，该部分变差称为残差，是各实际观察值 y 与回归值 $\hat{y}$ 的离差平方和 $\sum(y-\hat{y})^2$，称残差平方和，记为 SSE，如图 7-18 所示。

图 7-18 | 变差与残差示意图

因此，总变差、回归变差和残差之间具有以下关系。

总变差平方和（SST）=回归平方和（SSR）+残差平方和（SSE）

判定系数 R^2 的计算公式如下所示。

$$R^2 = \frac{SSR}{SST} = \frac{\sum(\hat{y}-\bar{y})^2}{\sum(y-\bar{y})^2}$$

$$= 1 - \frac{SSE}{SST} = 1 - \frac{\sum(y-\hat{y})^2}{\sum(y-\bar{y})^2}$$

在一元线性回归中，判定系数 R^2 实际上是相关系数 r 的平方，即 $R^2=r^2$。由此可见，R^2 的取值范围是[0,1]，其值越接近 1，表明回归平方和占总平方和的比例越大，回归直线与各观测值越近，用自变量 x 解释因变量 y 变差的部分越多，回归直线拟合程度就越好；相反，R^2 的值越接近于 0，则说明用自变量 x 以外的随机因素解释因变量 y 变差的部分就越多，回归直线的拟合程度就越差。

（2）估计标准误差

估计标准误差反映的是实际观测值 y 与估计值 $\hat{y}$ 之间偏离程度的测量指标，是对回归方程误差项 ε 的方差的一个估计值，是残差平方和 $\sum(y-\hat{y})^2$ 除以自由度 $n-k-1$ 后的平方根，用 S_ε 表示，其计算公式如下所示。

$$S_\varepsilon = \sqrt{\frac{\sum(y-\hat{y})^2}{n-k-1}}$$

上式中，k 代表自变量的个数，一元线性回归方程中，$k=1$。

虽然利用最小二乘法拟合的回归直线比用其他方法拟合的回归直线所造成的总误差要小，但也没有完全消除估计值与实际值之间的误差。因此，估计标准误差这一检验指标，正好可以说明回归直线的拟合优度。S_ε 越大，说明实际观测值 y 与估计值 $\hat{y}$ 之间的偏离程度越大，回归效果就越差，R^2 的值越小；相反，S_ε 越小，说明实际观测值 y 与估计值 $\hat{y}$ 之间的偏离程度越小，回归效果就越好，R^2 的值也越大。

【实验室】分析回归直线拟合程度和误差情况

某农场将亩产量、年降雨量和亩产量估计值数据进行了汇总，如表 7-4 所示，并预测亩产量和年降雨量二者之间存在线性相关的关系，试借助 Excel 的计算功能分析二者回归直线的拟合程度和误差情况。

表 7-4　亩产量与降雨量数据汇总

年份	亩产量（千克）y	年降雨量（毫米）x	亩产量估计值（千克）$\hat{y}$
2009	686	710	650
2010	588	600	600
2011	704	730	680
2012	650	670	640
2013	766	800	780
2014	793	830	800
2015	775	810	750
2016	615	630	620
2017	855	900	820
2018	926	980	900
2019	739	770	700
2020	891	940	840

下面在 Excel 中利用现有数据分别计算出回归平方和、总变差平方和、残差平方和，然后汇总出各项数据，最后利用公式计算出判定系数和估计标准误差，其具体操作如下所示。

分析回归直线拟合程度和误差情况

（1）打开"判定系数.xlsx"工作簿（配套资源：素材\第 7 章\判定系数.xlsx），选择 E2:E13 单元格区域，在编辑栏中输入"=(D13-AVERAGE(B2:B13))"，表示用估计值减去平均亩产量，如图 7-19 所示。

（2）选择公式中的"AVERAGE(B2:B13)"部分，按【F4】键将相对引用转换为绝对引用，如图 7-20 所示。

图 7-19 | 输入计算公式

图 7-20 | 转换单元格地址的引用方式

（3）继续在公式后输入"^2"，按【Ctrl+Enter】组合键返回计算结果，完成回归平方和的计算，如图 7-21 所示。

图 7-21 | 计算回归平方和

（4）选择 F2:F13 单元格区域，按相同方法在编辑栏中输入"=(B2-AVERAGE($B$2:$B$13))^2"，计算总变差平方和，按【Ctrl+Enter】组合键返回计算结果，如图 7-22 所示。

图 7-22 | 计算总变差平方和

（5）选择 G2:G13 单元格区域，在编辑栏中输入“=(B2−D2)^2”，计算残差平方和，按【Ctrl+Enter】组合键返回计算结果，如图 7-23 所示。

年份	亩产量（千克）	年降雨量（毫米）	亩产量估计值（千克）	回归平方和	总变差平方和	残差平方和
2009	686	710	650	9801	3969	1296
2010	588	600	600	22201	25921	144
2011	704	730	680	4761	2025	576
2012	650	670	640	118[illegible]	[illegible]	100
2013	766	800	780	961	[illegible]	196
2014	793	830	800	2601	1936	49
2015	775	810	750	1	676	625
2016	615	630	620	16641	17956	25
2017	855	900	820	5041	11236	1225
2018	926	980	900	22801	31329	676
2019	739	770	700	2401	100	1521
2020	891	940	840	8281	20164	2601

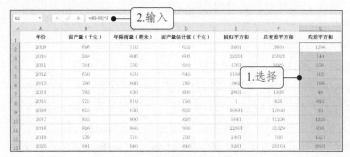

图 7-23｜计算残差平方和

（6）选择 B14:G14 单元格区域，在【公式】→【函数库】组中单击“自动求和”按钮$\sum$，快速汇总各项数据，保存表格即可（配套资源：效果\第 7 章\判定系数.xlsx），如图 7-24 所示。

年份	亩产量（千克）	年降雨量（毫米）	亩产量估计值（千克）	回归平方和	总变差平方和	残差平方和
2009	686	710	650	9801	3969	1296
2010	588	600	600	22201	25921	144
2011	704	730	680	4761	2025	576
2012	650	670	640	11881	9801	100
2013	766	800	780	961	289	196
2014	793	830	800	2601	1936	49
2015	775	810	750	1	676	625
2016	615	630	620	16641	17956	25
2017	855	[illegible]	820	5041	11236	1225
2018	926	[illegible]	900	22801	31329	676
2019	739	770	700	2401	100	1521
2020	891	940	840	8281	20164	2601
合计	8988	9370	8780	107372	125402	9034

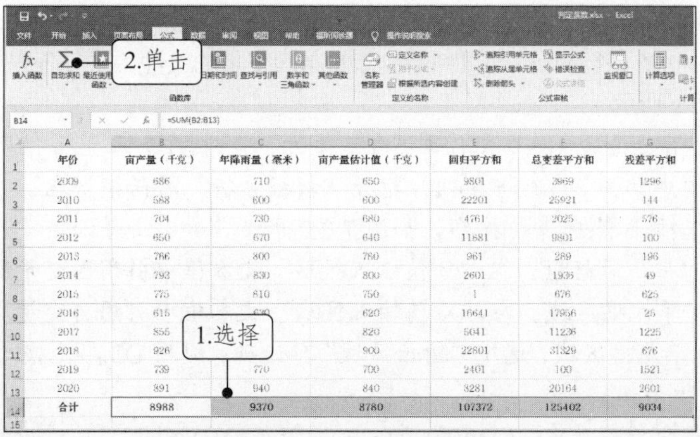

图 7-24｜汇总表格项目

（7）利用判定系数和估计标准误差的计算公式，将 Excel 中计算的数据代入到公式中求得二者的结果，具体如下所示。

$$R^2=\frac{SSR}{SST}=\frac{\sum\left(\hat{y}-\bar{y}\right)^2}{\sum\left(y-\bar{y}\right)^2}=\frac{107372}{125402}=0.8562=85.62\%$$

$$S_\varepsilon=\sqrt{\frac{\sum\left(y-\hat{y}\right)^2}{n-k-1}}=\sqrt{\frac{9034}{12-2}}=30.057\text{（千克）}$$

上述结果中，判定系数 0.8562 表示，在亩产量的总变差中，有 85.62%可由亩产量与降雨量之间的线性关系来解释；或者说，在亩产量的变动中，有 85.62%是由降雨量所决定的。说明亩产量与降雨量之间的回归方程拟合度较高。

估计标准误差 30.057 则表示，根据降雨量来估计亩产量时，平均的估计误差是 30.057 千克。

2. 显著性检验

显著性检验可以分析自变量与因变量之间的线性关系是否显著。一元线性回归方程的显著性检验包括回归方程的 F 检验和回归系数的 t 检验。

（1）F 检验

F 检验是通过构建 F 统计量，检验自变量 x 和因变量 y 之间的线性关系是否显著，通过了 F 检验则表明变量之间的线性关系显著。

（2）t 检验

t 检验是通过构建 t 统计量，检验自变量 x 和因变量 y 的影响是否显著，通过了 t 检验则表明自变量 x 对因变量 y 的影响显著，就可以用自变量 x 来解释因变量 y 的变化。

对于初学者而言，F 检验和 t 检验的原理与计算方法都非常复杂，这里可以利用 Excel 的数据分析功能，直接对比显著性水平 α 来判断因变量与自变量的关系。对于 F 检验而言，如果 Significance F 的数值小于 α，就表明自变量 x 和因变量 y 之间有显著的线性关系；对于 t 检验而言，如果 P-value 的数值小于 α，就表明自变量 x 对因变量 y 的影响是显著的。

【实验室】通过显著性检验分析数学成绩

假设学生在初中时期的数学成绩与其高一的数学成绩是线性相关的，试通过显著性检验来分析其线性关系是否显著。

通过显著性检验分析数学成绩

利用 Excel 的回归分析可以直接得到 Significance F 和 P-value 的数值，通过与显著性水平 $\alpha=0.05$ 进行对比，即可判断自变量与因变量的线性关系显著程度，其具体操作如下所示。

（1）打开"显著性检验.xlsx"工作簿（配套资源：素材\第 7 章\显著性检验.xlsx），在【数据】→【分析】组中单击 数据分析 按钮，打开"数据分析"对话框，在"分析工具"列表框中选择"回归"选项，单击 确定 按钮，如图 7-25 所示。

（2）打开"回归"对话框，在"Y 值输入区域"文本框中引用因变量所在的数据区域，这里引用 A2:A20 单元格区域，在"X 值输入区域"文本框中引用自变量所在的数据区域，这里引用 B2:B20 单元格区域，选中"输出区域"单选项，引用 D2 单元格的地址，单击 确定 按钮，如图 7-26 所示。

（3）可见回归分析结果中，Significance F 的值与 X Variable 1 对应的 P-value 的值为 "8.8829E-29"，即 8.8829×10^{-29}，远小于显著性水平 $\alpha=0.05$，如图 7-27 所示（配套资源：效果\第 7 章\显著性检验.xlsx）。由此可见，学生初中时期的数学成绩对其高一的数学成绩有明显的影响，二者之间存在显著的线性关系。

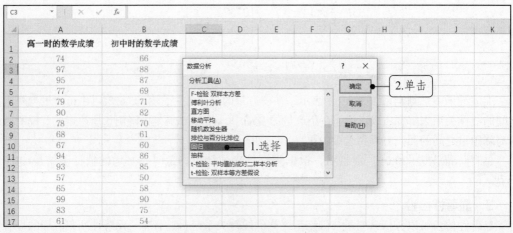

图 7-25 | 选择分析工具

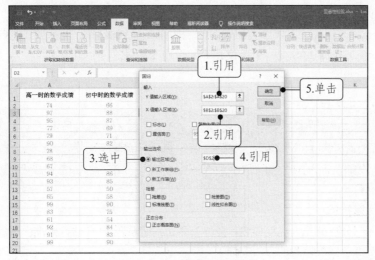

图 7-26 | 设置回归分析参数

D	E	F	G	H	I	J	K	L
SUMMARY OUTPUT								
回归统计								
Multiple R	0.999695548							
R Square	0.999391189							
Adjusted R Square	0.999355376							
标准误差	0.347553544							
观测值	19							
方差分析								
	df	SS	MS	F	Significance F			
回归分析	1	3370.893879	3370.893879	27906.26005	8.8829E-29			
残差	17	2.053488925	0.120793466					
总计	18	3372.947368						
	Coefficients	标准误差	t Stat	P-value	Lower 95%	Upper 95%	下限 95.0%	上限 95.0%
Intercept	4.70405286	0.469837012	10.01209514	1.52109E-08	3.712783414	5.695322307	3.712783414	5.695322307
X Variable 1	1.043025547	0.00624373	167.0516688	8.8829E-29	1.029852428	1.056198666	1.029852428	1.056198666

图 7-27 | 显示回归分析结果

7.2.4 多元线性回归分析与检验

现实生活中的各种现象往往是被多个因素共同影响的结果，如果某个现象与多个影响因素之间呈线性关系时，如果要分析它们之间关系的程度，就是多元线性回归分析的范畴。在学习了一元线性回归分析的基础上，本节将简要介绍多元线性回归的分析与检验方法。

1. 多元线性回归模型

多元线性回归模型可表示如下。

$$y = \beta_0 + \beta_1 x_1 + \beta_2 x_2 + \cdots + \beta_k x_k + \varepsilon$$

该模型中，因变量 y 是 $x_1, x_2, \cdots, x_k$ 的线性函数与误差项 ε 的结果，$\beta_1, \beta_2, \cdots, \beta_k$ 称为模型的参数。

2. 多元线性回归方程

描述因变量 y 的平均值或期望值如何依赖于自变量 $x_1, x_2, \cdots, x_k$ 的方程称为多元线性回归方程，其公式如下所示。

$$\hat{y} = b_0 + b_1 x_1 + b_2 x_2 + \cdots + b_k x_k$$

上式中，$\hat{y}$ 表示因变量的估计值；$x_1, x_2, \cdots, x_k$ 表示 k 个自变量；b_0 为常数项，是回归直线在 y 轴上的截距；$b_1, b_2, \cdots, b_k$ 表示 k 个偏回归系数，即回归直线的斜率，表示当其他自变量取值不变时，自变量 $x_i(i=1,2,\cdots,k)$ 每改变一个单位，$\hat{y}$ 的平均变动量。

专家点拨

> 多元线性回归模型中的偏回归系数 $b_1, b_2, \cdots, b_k$，与一元线性回归系数 b 不同。多元线性回归模型中的偏回归系数反映的是在假定其他自变量不变的情况下，该自变量对因变量的平均影响量；一元线性回归中只有一个自变量，不存在对其他变量假定的问题。

3. 拟合优度检验

多元线性回归分析的拟合优度检验，会涉及多元判定系数 R^2 和估计标准误差的计算，这与一元线性回归分析拟合优度检验的方法类似。

（1）多元判定系数 R^2

在多元线性回归分析中，需要用多元判定系数 R^2 来判断回归方程的拟合程度。多元判定系数 R^2 反映了在因变量 y 的变差中由多元线性回归方程来解释的比例，其取值范围为[0,1]，计算公式如下所示。

$$R^2 = \frac{SSR}{SST} = 1 - \frac{SSE}{SST}$$

在多元线性回归模型中，增加自变量数量一般会使预测误差变小，从而减少残差平方和 SSE，使回归平方和 SSR 增大，这样多元判定系数 R^2 的值就会增加。因此，为了避免因自变量数量的增加而高估自变量对因变量变化的影响，可使用修正的多元判定系数 R_a^2，其计算公式如下所示。

$$R_a^2 = 1 - \left(1 - R^2\right) \times \frac{n-1}{n-k-1}$$

（2）估计标准误差

多元线性回归方程的估计标准误差的含义与一元线性回归方程中估计标准误差的含义相似，计算公式完全相同，只是多元线性回归方程中的估计标准误差反映的是在方程中所有自变量的影响下，实际观测值 y 与估计值 $\hat{y}$ 之间的平均偏离程度。其计算公式如下所示。

$$S_\varepsilon = \sqrt{\frac{\sum\left(y - \hat{y}\right)^2}{n-k-1}}$$

上式中，k 为自变量的个数。

4. 显著性检验

在一元线性回归分析中，回归系数 b 的显著性检验（即 t 检验）与回归方程的线性关系检验（即 F 检验）的结果是一致的。但在多元线性回归分析中，却不能将回归系数 b 的显著性检验与回归方程的线性关系检验等同看待。

多元回归系数的显著性检验需要对每个回归系数分别进行检验，如果某个自变量没有通过检验，就意味着该自变量对因变量的影响不显著，就不能进入回归模型中。与此相反，在进行多元线性回归方程的线性关系检验时，如果多个自变量中有一个自变量与因变量的线性关系显著，就能通过检验。

与一元线性回归检验类似，可以利用 Excel 的数据分析功能，直接对比显著性水平 α 来判断因变量与自变量的关系。对于 F 检验而言，如果 Significance F 的数值小于 α，就表明 k 个自变量 x 和因变量 y 之间有显著的线性关系；对于 t 检验而言，如果 P-value 的数值小于 α，就表明自变量 x_i 对因变量 y 的影响是显著的。

 ## 7.3　课堂实训——分析研发与销售的关系

本章主要介绍了相关与回归分析的知识，主要包括相关关系、相关系数、一元线性回归分析与检验，以及多元线性回归分析与检验等内容。其中需要重点掌握的是相关系数以及一元线性回归的分析与检验等内容。下面将利用 Excel 对商品的研发投入与销售额的关系进行相关和回归分析，进一步巩固所学的知识。

7.3.1　实训目标及思路

某企业从下属研发中心抽样 20 次产品的研发投入数据，并将产品的销售额数据进行汇总，希望找出二者之间存在的关系。下面将利用相关分析和回归分析找出销售额与研发投入之间可能存在的关系，并预计在研发投入为 15 万元时产品销售额的结果，具体操作思路如图 7-28 所示。

图 7-28 | 相关与回归分析思路

分析研发与销售的关系

7.3.2　操作方法

本实训的具体操作如下所示。

（1）打开"研发分析.xlsx"工作簿（配套资源：素材\第 7 章\研发分析.xlsx），选择 E3:E22 单元格区域，在编辑栏中输入"=B3^2"，按【Ctrl+Enter】组合键计算自变量研发投入的平方数，如图 7-29 所示。

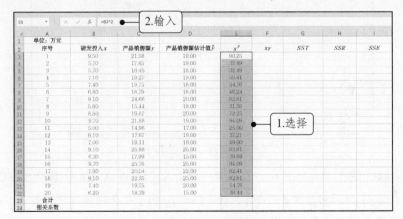

图 7-29 | 计算自变量的平方数

（2）选择 F3:F22 单元格区域，在编辑栏中输入"=B3*C3"，按【Ctrl+Enter】组合键计算自变量研发投入与因变量产品销售额的乘积，如图 7-30 所示。

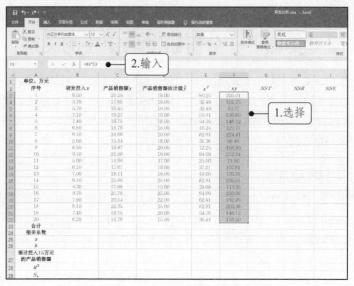

图 7-30 | 进行自变量与因变量的乘积

（3）选择 G3:G22 单元格区域，在编辑栏中输入"=(C3-AVERAGE($C$3:$C$22))^2"，即利用公式 $(y-\overline{y})^2$ 计算总变差的平方，按【Ctrl+Enter】组合键返回计算结果，其中产品销售额的平均值需要绝对引用，如图 7-31 所示。

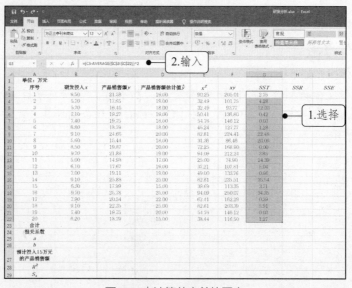

图 7-31 | 计算总变差的平方

（4）选择 H3:H22 单元格区域，在编辑栏中输入"=(D3-AVERAGE($C$3:$C$22))^2"，即利用公式 $(\hat{y}-\overline{y})^2$ 计算回归变差的平方，按【Ctrl+Enter】组合键返回计算结果，产品销售额的平均值同样需要绝对引用，如图 7-32 所示。

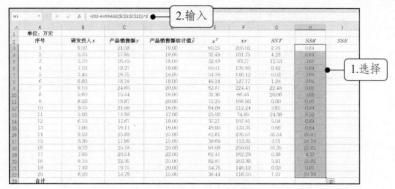

图 7-32 │ 计算回归变差的平方

（5）选择 I3:I22 单元格区域，在编辑栏中输入"=(C3-D3)^2"，即利用公式 $(y-\hat{y})^2$ 计算残差的平方，按【Ctrl+Enter】组合键返回计算结果，如图 7-33 所示。

（6）选择 B23:I23 单元格区域，在编辑栏中输入"=SUM(B3:B22)"，按【Ctrl+Enter】组合键汇总各项目数值之和，如图 7-34 所示。

（7）选择 B24 单元格，在编辑栏中输入"=CORREL()"，然后单击左侧的"插入函数"按钮 f_x，如图 7-35 所示。

图 7-33 │ 计算残差的平方

图 7-34 │ 汇总表格项目

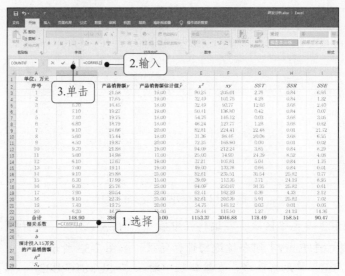

图 7-35 | 输入 CORREL 函数

（8）打开"函数参数"对话框，在"Array1"文本框中引用 B3:B22 单元格区域的地址，在"Array2"文本框中引用 C3:C22 单元格区域的地址，单击 确定 按钮，如图 7-36 所示。

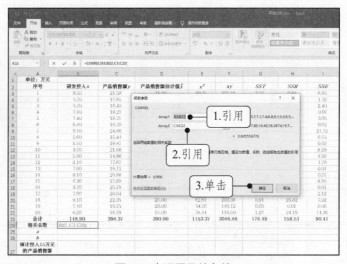

图 7-36 | 设置函数参数

（9）返回相关系数的结果为"0.906"，当 $0.8 \leq |r| < 1$ 时，说明变量之间属于高度线性相关。继续选择 B26 单元格，在编辑栏中输入"=(20*F23-B23*C23)/(20*E23-B23^2)"，即利用公式 $\dfrac{n\sum xy - \sum x \sum y}{n\sum x^2 - \left(\sum x\right)^2}$ 计算一元线性回归方程中的参数 b，按【Ctrl+Enter】组合键返回计算结果，如图 7-37 所示。

（10）选择 B25 单元格，在编辑栏中输入"=AVERAGE(C3:C22)-B26*AVERAGE(B3:B22)"，即利用公式 $\bar{y} - b\bar{x}$ 计算一元线性回归方程中的参数 a，按【Ctrl+Enter】组合键返回计算结果，如图 7-38 所示。

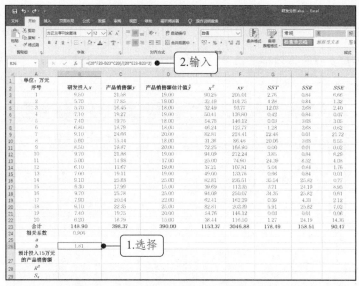

图 7-37 | 计算一元线性回归方程参数（1）

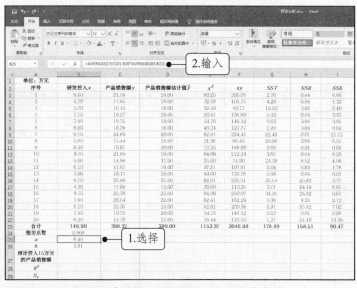

图 7-38 | 计算一元线性回归方程参数（2）

（11）得到参数 a 和参数 b 的数值，可以得到一元线性回归方程为 "$\hat{y}=6.46+1.81x$"，此时便可预计当研发投入为 15 万元时产品销售额的数值。选择 B27 单元格，在编辑栏中输入 "=B25+B26*15"，按【Ctrl+Enter】组合键返回计算结果，说明如果产品的研发投入为 15 万元，产品的销售额预计为 33.57 万元，如图 7-39 所示。

（12）选择 B28 单元格，在编辑栏中输入 "=H23/G23"，即利用公式 $\dfrac{SSR}{SST}$ 计算一元线性回归方程的判定系数，按【Ctrl+Enter】组合键返回计算结果。由于判定系数的数值为 "0.89"，说明在产品销售额的总变差中，有89%可由销售额与研发投入之间的线性关系来解释，或者说，在产品销售额的变动中，有89%是由研发投入所决定的，如图 7-40 所示。

（13）选择 B29 单元格，在编辑栏中输入"=SQRT(I23/(20-1-1))"，即利用公式 $\sqrt{\dfrac{\sum(y-\hat{y})^2}{n-k-1}}$ 计算一元线性回归方程的估计标准误差，按【Ctrl+Enter】组合键返回计算结果。由于估计标准误差的数值为"2.24"，如图 7-41 所示。

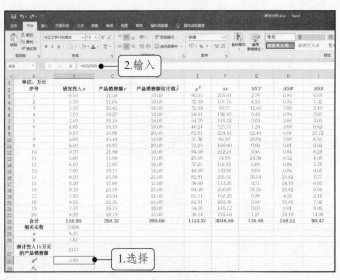

图 7-39｜预测销售额

图 7-40｜计算判定系数

（14）在【数据】→【分析】组中单击 ▣数据分析 按钮，打开"数据分析"对话框，在"分析工具"列表框中选择"回归"选项，单击 确定 按钮，如图 7-42 所示。

（15）打开"回归"对话框，在"Y 值输入区域"文本框中引用因变量所在的数据区域，这里引用 C3:C22 单元格区域，在"X 值输入区域"文本框中引用自变量所在的数据区域，这里引用 B3:B22 单元格区域，选中"输出区域"单选项，引用 K2 单元格的地址，单击 确定 按钮，如图 7-43 所示。

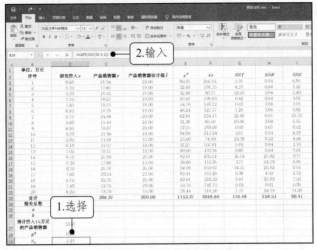

图 7-41 | 计算估计标准误差

图 7-42 | 使用回归工具

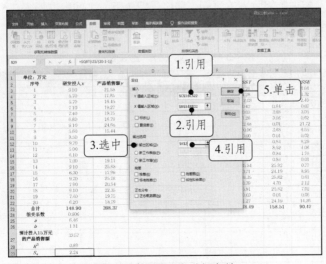

图 7-43 | 设置回归分析参数

（16）得到回归分析的计算结果。其中，Significance F 的值与 X Variable 1 对应的 P-value 的值为 "4.01273E-08"，即 4.01273×10^{-8}，其值小于显著性水平 $\alpha=0.05$，由此可见，研发投入对产品销售额有明显的影响，二者之间存在显著的线性关系，如图 7-44 所示（配套资源：效果\第 7 章\研发分析.xlsx）。

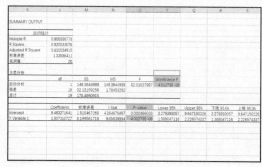

图 7-44｜查看回归分析结果

7.4　课后练习

（1）函数关系与相关关系有什么区别和联系？

（2）按相关程度不同，相关关系可以分为哪些类别？

（3）正相关和负相关是什么意思？

（4）什么是总体相关系数？什么是样本相关系数？

（5）相关系数的取值范围是什么？中度线性相关的取值范围又是什么？

（6）回归分析与相关分析有什么区别？

（7）如何理解使用最小二乘法来计算一元线性回归方程的参数？

（8）总变差、回归变差和残差各是什么含义？三者之间有什么联系？

（9）估计标准误差是什么？

（10）如何使用 Excel 判断 F 检验与 t 检验？

（11）多元线性回归分析中，为什么要使用多元判定系数？

（12）某公司 11 年来销售收入（万元）和广告费（万元）的数据如表 7-5 所示。通过建立一元线性回归方程说明广告费每增加 1 万元，销售收入预计的平均变化情况。

表 7-5　销售收入与广告费数据汇总

序号	年份	销售收入（万元）	广告费（万元）
1	2010	40	13
2	2011	58	14
3	2012	33	12
4	2013	65	20
5	2014	80	28
6	2015	80	26
7	2016	56	18
8	2017	30	12
9	2018	33	12
10	2019	90	30
11	2020	72	22

第 **8** 章

时间序列分析

【学习目标】
➢ 了解时间序列的含义与分类
➢ 熟悉时间序列的影响因素与预测误差
➢ 掌握时间序列的计算指标
➢ 掌握时间序列外推预测的常用方法

由于许多社会经济现象总是随着时间的推移不断演变，因此基于时间顺序得到的一系列观测数据，可以更为客观地反映现象的发展变化过程，也有助于人们认识其发展变化的内在规律，从而人们对其发展变化趋势进行合理预测。因此，时间序列分析是数据统计与分析必不可少的一种方法，本章便将详细介绍如何利用该方法来分析数据。

8.1　时间序列概述

使用时间序列分析数据时，首先需要了解时间序列的含义、影响时间序列的因素，以及时间序列常用的计算指标，这样才能更好地运用该方法来解决问题。

8.1.1　时间序列的含义

时间序列是由同一现象在不同时间上的相继观察值排列而成的数列，形式上主要由现象所属的时间和现象在不同时间上的观察值两部分组成。时间序列的时间是变化的，常用的时间间隔包括年、季度、月、周、日等，时间序列的观察值可以是总量指标、平均指标，也可以是相对指标。

为了保证观察值具有可比性，采集的同一个时间序列中不同时间单位上的指标口径必须一致，具体如图 8-1 所示。

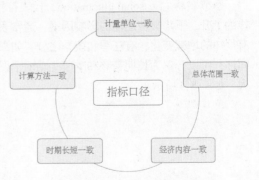

图 8-1 | 时间序列的指标口径

8.1.2　时间序列的分类

按照指标数据的不同，可以将时间序列分为绝对数序列、相对数序列和平均数序列，其中绝对数序列又可以细分为时期序列和时点序列，如图 8-2 所示。

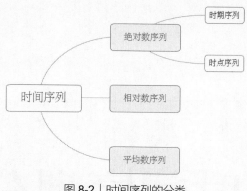

- **绝对数序列**｜也称总量指标序列，是最基本的时间序列，它反映现象在不同时间上达到的绝对水平或总规模。如果指标所反映的是现象在不同时段内的活动总量，则为时期序列；如果指标所反映的是现象在不同瞬间时点上的活动总量，则为时点序列。二者的主要区别在于时间状况、指标数值的可加性，以及指标数值与时间长短的关系等方面。

图 8-2｜时间序列的分类

- **相对数序列**｜由绝对数序列派生而来，反映现象相对水平的发展变化过程，不同时间上的指标数值不能相加。

- **平均数序列**｜反映现象平均水平的发展变化过程，不同时间上的指标数值不能相加。

8.1.3　时间序列的影响因素

时间序列的影响因素，也可以认为是时间序列的构成要素，它主要包括长期趋势、季节变动、循环变动和不规则变动。

1. 长期趋势

长期趋势（Secular Trend，代表符号为 T）是现象在较长时期内持续发展变化的一种趋向或状态，它是时间序列中最基本的影响因素或构成要素，可分为上升趋势、下降趋势、水平趋势，也可分为线性趋势和非线性趋势。图 8-3 中，折线图形表示某现象在时间的变化过程中呈不同的增减变化情况，而虚线则是该现象的长期趋势，通过长期趋势可以明显发现该现象总体呈不断增加的状态。

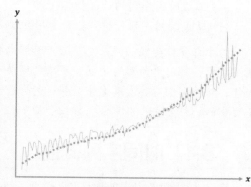

图 8-3｜长期趋势的示意图

2. 季节变动

季节变动（Seasonal Fluctuation，代表符号为 S）是一种使现象以一定时期为周期呈现较有规律的上升、下降交替运动的影响因素，通常表现为现象在一年内随着自然季节的更替而发生的较有规律的增减变化，有旺季和淡季之分。如果不考虑不规则变动的因素，则图 8-3 中该现象的时间序列可以分解为长期趋势和季节变动两个图形，从中可以发现该现象受季节变动的影响也非常大，如图 8-4 所示。

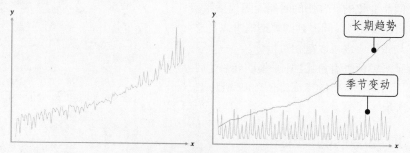

图 8-4｜季节变动的示意图

3. 循环变动

循环变动（Cyclical Variation，代表符号为 C）是一种使现象呈现出以较长时间为一周期、涨落相间、扩张与紧缩、波峰与波谷相交替的波动，如图 8-5 所示。与长期趋势相比，循环变动表现为波浪式的涨落交替的变动，长期趋势表现为单一方向的持续变动；与季节变动相比，循环变动的周期不是一年，而是一年以上且无固定的周期长度，季节变动的周期通常以一年为参考标准。

4. 不规则变动

不规则变动（Irregular Variation，代表符号为 I）是指现象受到各种偶然因素影响而呈现出方向不定、时起时伏、时大时小的变动，各种偶然因素的作用无法相互抵消，且影响幅度很大。如果不考虑季节变动的因素，则图 8-3 所示现象的时间序列可以分解为长期趋势和不规则变动两个图形，从中可以发现不规则变动也影响着现象的发展变化，如图 8-6 所示。

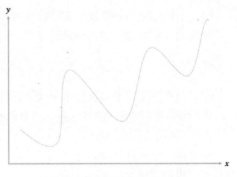

图 8-5 | 循环变动的示意图

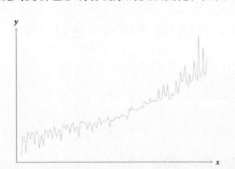
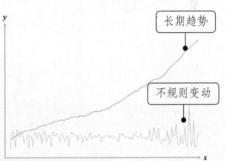

图 8-6 | 不规则变动的示意图

8.1.4 时间序列的计算指标

时间序列的计算指标主要分为两大类，分别是水平指标和速度指标。水平指标包括发展水平、平均发展水平、增长量、平均增长量；速度指标包括发展速度、平均发展速度、增长速度、平均增长速度，下面依次介绍。

1. 发展水平

发展水平反映的是现象在不同时间上所达到水平的数量，对应的是时间序列中的各项指标数值。按指标表现形式不同，发展水平可以分为总量水平、相对水平、平均水平；按指标在序列中的位置不同，发展水平可以分为最初水平、中间水平和最末水平；按照在数据分析中的作用不同，发展水平还可以分为报告期水平和基期水平。

若 y 代表发展水平，则 n 个观察期的发展水平可分别用 $y_1, y_2, \cdots, y_n$ 来表示。其中，y_n 是最末水平，但 y_1 不是最初水平，而只是第一个观察值。最初水平一般用 y_0 表示，作用是作为基期与其他观察值进行对比。

另外需要注意，如果时间序列中任意一个时期的发展水平与最初水平进行对比时，y_i 是报告期水平，y_0 是基期水平；当时间序列中相邻的两个时期发展水平进行对比时，y_i 是报告期水平，y_{i-1} 是基期水平。

2．平均发展水平

平均发展水平反映的是现象在不同时间上发展水平的平均数，说明现象在一段时期内所达到的一般水平，一般用 $\bar{y}$ 表示。对平均发展水平来说，不同类型的时间序列，其计算方法也各不相同。

（1）时期序列的平均发展水平计算方法

如果时间序列的类型为绝对数序列中的时期序列，则平均发展水平的计算公式如下所示。

$$\bar{y} = \frac{y_1 + y_2 + \cdots + y_n}{n} = \frac{\sum y}{n}$$

（2）时点序列的平均发展水平计算方法

根据时点指标的记录方法不同，以及间隔是否相等，平均发展水平的计算公式又需要进行划分。

① 按日记录且间隔相等

按日连续记录且各时间点间隔相等时，平均发展水平的计算方法与时期序列的计算方法相同，其计算公式如下所示。

$$\bar{y} = \frac{\sum y}{n}$$

② 按日记录且间隔不等

如果是按日记录，但各时间点间隔不相等时，平均发展水平需要以间隔时间为权数，进行加权平均，其计算公式如下所示。

$$\bar{y} = \frac{\sum y \cdot f}{\sum f}$$

【实验室】计算产品平均库存量

某企业在 6 月记录了某产品的库存量数据，如表 8-1 所示，试计算该产品在 6 月的平均库存量。

表 8-1　产品库存数据记录表（单位：个）

6月1日	6月5日	6月12日	6月19日	6月24日	6月30日
500	600	300	400	500	400

由于该企业采用的是按日记录，但各日的时间间隔并不相等，因此应采用加权平均的方法计算产品的库存量，具体计算方法如下所示。

$$\bar{y} = \frac{\sum y \cdot f}{\sum f}$$

$$= \frac{500 \times 4 + 600 \times 7 + 300 \times 7 + 400 \times 5 + 500 \times 6 + 400}{30}$$

$$\approx 457（个）$$

③ 按期初或期末记录且间隔相等

如果采取按月初或月末（也包括年初、年末等）的记录方法，但时间点的间隔相等，此时应先采用"首尾折半法"计算出各时间点的平均数，再对各时间点的平均数进行简单平均，其计算公式如下所示。

$$\bar{y} = \frac{\dfrac{y_1}{2} + y_2 + y_3 + \cdots + y_{n-1} + \dfrac{y_n}{2}}{n-1}$$

【实验室】计算产品平均销售量

某企业分别在 6 月末、7 月末、8 月末和 9 月末记录了某款产品的销售量数据，如表 8-2 所示，试计算这 4 个月该产品的平均销售量。

表 8-2　产品销售量记录表（单位：件）

6 月 30 日	7 月 31 日	8 月 31 日	9 月 30 日
6800	7200	9600	8400

由于该企业采用的是按月末记录的方法，记录时间点的间隔相等，因此应采用"首尾折半法"计算商品的平均销售量，具体计算方法如下所示。

$$\bar{y} = \frac{\dfrac{y_1}{2} + y_2 + y_3 + \cdots + y_{n-1} + \dfrac{y_n}{2}}{n-1}$$

$$= \frac{\dfrac{6800}{2} + 7200 + 9600 + \dfrac{8400}{2}}{4-1}$$

$$\approx 8\,133\,(件)$$

④ 按期初或期末记录且间隔不等

如果采取按月初或月末的记录方法，且时间的间隔也不相等，则应该计算相邻两个时间的简单平均数，再以两个平均数之间的间隔为权数进行加权平均，其计算公式如下所示。

$$\bar{y} = \frac{\dfrac{y_1+y_2}{2} \cdot f_1 + \dfrac{y_2+y_3}{2} \cdot f_2 + \cdots + \dfrac{y_{n-1}+y_n}{2} \cdot f_{n-1}}{n-1}$$

【实验室】计算某软件全年的平均注册人数

某公司在 2020 年统计了旗下某款软件的注册人数，如表 8-3 所示，试计算该软件在 2020 年每月的平均注册人数。

表 8-3　某软件注册人数记录表（单位：万人）

1 月 1 日	5 月 31 日	8 月 31 日	12 月 31 日
362	390	416	420

由于该公司采用的是按月末记录的方法，但记录时间点的间隔并不相等，因此首先需要计算相邻两个时间点的简单平均数，再以两个平均数之间的间隔为权数（这里即月数）进行加权平均，具体计算方法如下所示。

$$\bar{y} = \frac{\dfrac{y_1+y_2}{2} \cdot f_1 + \dfrac{y_2+y_3}{2} \cdot f_2 + \cdots + \dfrac{y_{n-1}+y_n}{2} \cdot f_{n-1}}{n-1}$$

$$= \frac{\dfrac{362+390}{2} \times 5 + \dfrac{390+416}{2} \times 3 + \dfrac{416+420}{2} \times 4}{5+3+4}$$

$$\approx 397\,(万人)$$

（3）相对数序列或平均数序列的平均发展水平计算方法

如果时间序列的类型为相对数序列或平均数序列，则此时的平均发展水平指标的计算公式如下所示。

$$\overline{y} = \frac{\overline{a}}{\overline{b}}$$

上式中，$\overline{a}$ 和 $\overline{b}$ 分别是序列 a 和序列 b 的平均发展水平，之所以需要分别计算这两个序列的平均发展水平，是由于各期的对比基础不同，导致它们对全期总平均水平的影响作用也不相同。需要注意的是，计算 $\overline{a}$ 和 $\overline{b}$ 时，需要按照前面介绍的绝对数序列的类型，选择对应的公式进行计算。

【实验室】计算广告收入占企业总收入的平均比重

某互联网企业 2017—2020 年的广告收入与总收入的数据如表 8-4 所示，试计算这几年该企业广告收入占总收入的平均比重。

表 8-4　广告收入与总收入数据汇总（单位：万元）

收入类别	2017 年	2018 年	2019 年	2020 年
广告收入	202	218	230	242
总收入	1057	1245	1544	1685

由于该企业采用的是按年末记录的方法，且记录时间点的间隔相等，因此可以利用"首尾折半法"分别计算广告收入的平均发展水平和总收入的平均发展水平，最后利用相对数序列的平均发展水平计算方法计算广告收入占总收入的平均比重，具体计算方法如下所示。

$$\overline{a} = \frac{\dfrac{a_1}{2} + a_2 + a_3 + \cdots + a_{n-1} + \dfrac{a_n}{2}}{n-1}$$

$$= \frac{\dfrac{202}{2} + 218 + 230 + \dfrac{242}{2}}{4-1}$$

$$\approx 223.33 \,（万元）$$

$$\overline{b} = \frac{\dfrac{b_1}{2} + b_2 + b_3 + \cdots + b_{n-1} + \dfrac{b_n}{2}}{n-1}$$

$$= \frac{\dfrac{1057}{2} + 1245 + 1544 + \dfrac{1685}{2}}{4-1}$$

$$\approx 1386.67 \,（万元）$$

所以，4 年间广告收入占总收入的平均比重为：

$$\overline{y} = \frac{\overline{a}}{\overline{b}} = \frac{223.33}{1386.67} \times 100\% \approx 16.11\%$$

3. 增长量

增长量反映的是现象在观察期内增减的绝对数量，即两个时期发展水平相减的差额，其计算公式如下所示。

$$增长量=报告期水平-基期水平$$

根据选择的基期不同，增长量可以分为逐期增长量、累计增长量和同比增长量。若用 Δ_i 表示第 i 期（$i = 1, 2, \cdots, n$）的增长量，y_i 表示第 i 期（$i = 1, 2, \cdots, n$）的观察值，y_0 表示最初水平，则逐期增长量、累计增长量和同比增长量的区别如下所示。

- **逐期增长量** | 表示报告期水平与上一个时期水平相减，计算公式为"$\Delta_i = y_i - y_{i-1}$"。

- **累计增长量** ｜ 表示报告期水平与固定基期水平相减，计算公式为 "$\Delta_i = y_i - y_0$"。
- **同比增长量** ｜ 表示本年度某期的发展水平与上年度的同期水平相减，计算公式为 "$\Delta_i = y_i - y_{上年同期}$"。

由此可见，各期的逐期增长量之和，与同报告期的累积增长量相等，即：

$$\sum_{i-1}^{n}(y_i - y_{i-1}) = y_n - y_0$$

4. 平均增长量

平均增长量反映的是各期增长量的平均数，其计算公式如下所示。

$$平均增长量 = \frac{逐期增长量之和}{增长量个数} = \frac{\sum\limits_{i-1}^{n}(y_i - y_{i-1})}{n}$$

$$= \frac{累积增长量}{期数} = \frac{y_i - y_0}{n}$$

计算 5 年来产量的增
长量和平均增长量

【实验室】计算 5 年来产量的增长量和平均增长量

某企业汇总了 2016—2020 年某产品的年产量数据。现需要在 Excel 中计算逐期增长量、累计增长量和 5 年的平均增长量，其具体操作如下所示。

（1）打开 "增长量.xlsx" 工作簿（配套资源：素材\第 8 章\增长量.xlsx），选择 C4 单元格，在编辑栏中输入 "=B4-B3"，按【Ctrl+Enter】组合键返回计算结果，如图 8-7 所示。

图 8-7 ｜ 计算逐期增长量

（2）拖曳 C4 单元格右下角的填充柄至 C7 单元格，快速计算其他年份对应的逐期增长量，如图 8-8 所示。

（3）选择 D4 单元格，在编辑栏中输入 "=B4-$B$3"，注意 B3 单元格的地址为绝对引用，按【Ctrl+Enter】组合键返回计算结果，如图 8-9 所示。

（4）拖曳 D4 单元格右下角的填充柄至 D7 单元格，快速计算其他年份对应的累计增长量，如图 8-10 所示。

（5）选择 E3 单元格，在编辑栏中输入 "=D7/COUNT(B3:B7)"，即利用累计增长量除以

期数的方式计算平均增长量，按【Ctrl+Enter】组合键返回计算结果（配套资源：效果\第 8 章\
增长量.xlsx），如图 8-11 所示。

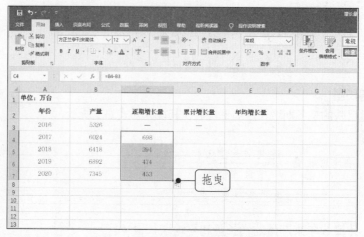

图 8-8 | 计算其他年份的逐期增长值

图 8-9 | 计算累计增长量

图 8-10 | 计算其他年份对应的累计增长量

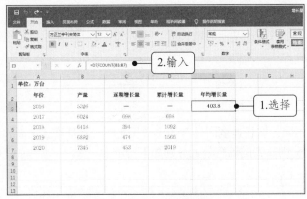

图 8-11｜计算平均增长量

5. 发展速度

发展速度反映的是现象在观察期内发展变化的相对程度，一般用百分比表示，其计算公式如下所示。

$$发展速度 = \frac{报告期水平}{基期水平} \times 100\%$$

根据选择的基期不同，发展速度可以分为环比发展速度、定基发展速度和同比发展速度。若用 r_i 表示第 i 期（$i = 1, 2, \cdots, n$）的发展速度，y_i 表示第 i 期（$i = 1, 2, \cdots, n$）的观察值，y_0 表示最初水平，则环比发展速度、定基发展速度和同比发展速度的区别如下所示。

- **环比发展速度**｜表示报告期发展水平与上一个时期发展水平相比的情况，反映相邻两个观察期内的发展变化程度，计算公式为" $r_i = \dfrac{y_i}{y_{i-1}}$ "。

- **定基发展速度**｜表示报告期发展水平与固定基期发展水平相比的情况，反映若干个连续的观察期内总的发展变化程度，计算公式为" $r_i = \dfrac{y_i}{y_0}$ "。

- **同比发展速度**｜表示本年度某期的发展水平与上年度的同期发展水平相比的情况，计算公式为" $r_i = \dfrac{y_i}{y_{上年同期}}$ "。

由此可见，观察期内各环比发展速度的连乘积等于最末期的定基发展速度；相邻两个时期定基发展速度的比值等于后一个时期的环比发展速度。它们的关系可用公式表示如下所示。

$$\frac{y_1}{y_0} \times \frac{y_2}{y_1} \times \cdots \times \frac{y_n}{y_{n-1}} = \frac{y_n}{y_0}$$

$$\frac{y_i}{y_0} \bigg/ \frac{y_{i-1}}{y_0} = \frac{y_i}{y_{i-1}}$$

6. 平均发展速度

平均发展速度反映的是现象在观察期内平均发展的相对程度，其计算公式如下所示。

$$\overline{r} = \sqrt[n]{\frac{y_1}{y_0} \times \frac{y_2}{y_1} \times \cdots \times \frac{y_n}{y_{n-1}}} = \sqrt[n]{\prod \frac{y_i}{y_{i-1}}}$$

$$= \sqrt[n]{\frac{y_n}{y_0}}$$

上式中，$\prod$ 为连乘符号。

7. 增长速度

增长速度反映的是报告期比基期的增长量与基期水平之比，是发展速度减掉基数后的结果，也称为增长率，其计算公式如下所示。

$$增长速度 = \frac{报告期水平 - 基期水平}{基期水平}$$

$$= 发展速度 - 1$$

根据选择的基期不同，增长速度同样有环比增长速度、定基增长速度和同比增长速度之分。若用 G_i 代表增长速度，则三者的计算公式分别如下所示。

- **环比增长速度** | $G_i = \dfrac{y_i - y_{i-1}}{y_{i-1}} = \dfrac{y_i}{y_{i-1}} - 1$

- **定基增长速度** | $G_i = \dfrac{y_i - y_0}{y_0} = \dfrac{y_i}{y_0} - 1$

- **同比增长速度** | $G_i = \dfrac{y_i - y_{上年同期}}{y_{上年同期}} = \dfrac{y_i}{y_{上年同期}} - 1$

8. 平均增长速度

平均增长速度反映的是现象在观察期内平均每期增长的相对程度，也称为平均增长率，其计算公式如下所示。

$$平均增长速度 = 平均发展速度 - 1$$

【实验室】计算个人非生活支出的增长情况

张某将自己最近 8 年的非生活支出进行了汇总，现需要计算其平均发展速度、平均增长速度等数据，以了解非生活支出的具体增长情况。其具体操作如下所示。

（1）打开"发展速度与增长速度.xlsx"工作簿（配套资源：素材\第 8 章\发展速度与增长速度.xlsx），选择 C4 单元格，在编辑栏中输入"=B4/B3"，按【Ctrl+Enter】组合键返回计算结果，如图 8-12 所示。

计算个人非生活
支出的增长情况

图 8-12 | 计算环比发展速度

（2）拖曳 C4 单元格右下角的填充柄至 C10 单元格，快速计算其他年份对应的环比发展速度，如图 8-13 所示。

（3）选择 D4 单元格，在编辑栏中输入"=B4/\$B\$3"，按【Ctrl+Enter】组合键返回计算结果，如图 8-14 所示。

图 8-13 | 计算其他年份对应的环比发展速度

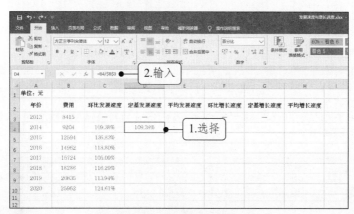

图 8-14 | 计算定基发展速度

（4）拖曳 D4 单元格右下角的填充柄至 D10 单元格，快速计算其他年份对应的定基发展速度，如图 8-15 所示。

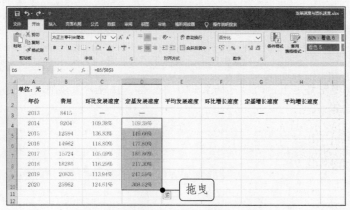

图 8-15 | 计算其他年份的定基发展速度

（5）选择 E4 单元格，在编辑栏中输入"=POWER(D10,1/8)"，即利用公式 $\bar{r} = \sqrt[n]{\dfrac{y_n}{y_0}}$ 计算平均发展速度，按【Ctrl+Enter】组合键返回计算结果，如图 8-16 所示。

专家点拨

POWER 函数可以返回 *n* 次方根的结果，其语法格式为“POWER(Number,Power)”，其中参数 Number 为需要计算 *n* 次方根的数据，参数 Power 为指定的 *n* 次方，需要用倒数的形式指定，如图 8-16 中 8 次方根则指定为“1/8”。

	A	B	C	D	E	F	G	H
1	单位：元							
2	年份	费用	环比发展速度	定基发展速度	平均发展速度	环比增长速度	定基增长速度	平均增长速度
3	2013	8415	—	—				
4	2014	9204	109.38%	109.38%	115.12%			
5	2015	12594	136.83%	149.66%				
6	2016	14962	118.80%	177.80%				
7	2017	15724	105.09%	186.86%				
8	2018	18286	116.29%	217.30%				
9	2019	20835	113.94%	247.59%				
10	2020	25962	124.61%	308.52%				

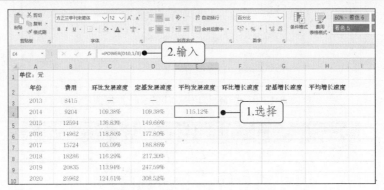

图 8-16｜计算平均发展速度

（6）选择 F4 单元格，在编辑栏中输入“=B4/B3-1”，按【Ctrl+Enter】组合键返回计算结果，如图 8-17 所示。

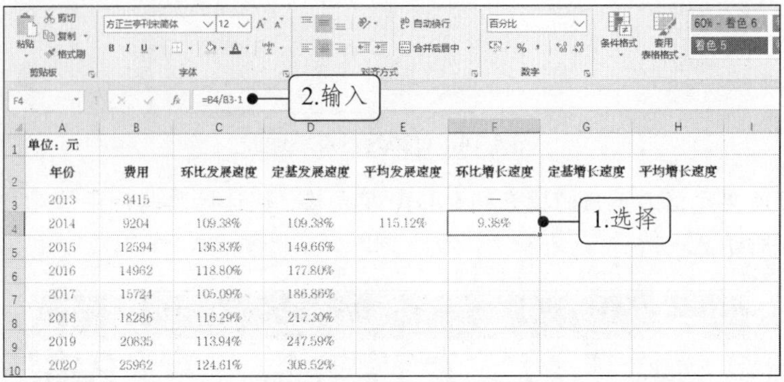

	A	B	C	D	E	F	G	H
1	单位：元							
2	年份	费用	环比发展速度	定基发展速度	平均发展速度	环比增长速度	定基增长速度	平均增长速度
3	2013	8415	—	—		—		
4	2014	9204	109.38%	109.38%	115.12%	9.38%		
5	2015	12594	136.83%	149.66%				
6	2016	14962	118.80%	177.80%				
7	2017	15724	105.09%	186.86%				
8	2018	18286	116.29%	217.30%				
9	2019	20835	113.94%	247.59%				
10	2020	25962	124.61%	308.52%				

图 8-17｜计算环比增长速度

（7）拖曳 F4 单元格右下角的填充柄至 F10 单元格，快速计算其他年份对应的环比增长速度，如图 8-18 所示。

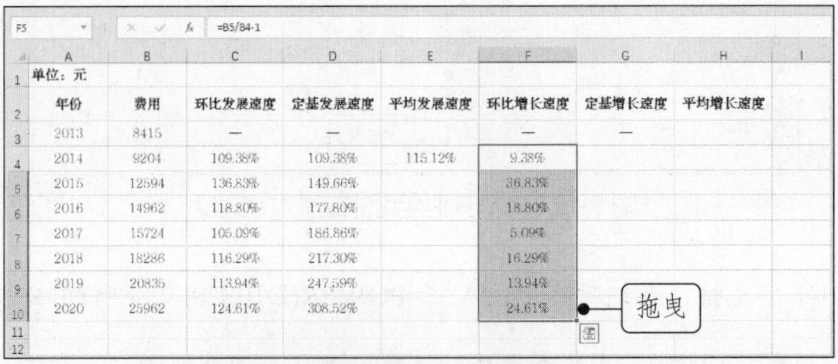

	A	B	C	D	E	F	G	H
1	单位：元							
2	年份	费用	环比发展速度	定基发展速度	平均发展速度	环比增长速度	定基增长速度	平均增长速度
3	2013	8415	—	—		—	—	
4	2014	9204	109.38%	109.38%	115.12%	9.38%		
5	2015	12594	136.83%	149.66%		36.83%		
6	2016	14962	118.80%	177.80%		18.80%		
7	2017	15724	105.09%	186.86%		5.09%		
8	2018	18286	116.29%	217.30%		16.29%		
9	2019	20835	113.94%	247.59%		13.94%		
10	2020	25962	124.61%	308.52%		24.61%		

图 8-18｜计算其他年份的环比增长速度

（8）选择 G4 单元格，在编辑栏中输入"=B4/\$B\$3-1"，按【Ctrl+Enter】组合键返回计算结果，如图 8-19 所示。

图 8-19 | 计算定基增长速度

（9）拖曳 G4 单元格右下角的填充柄至 G10 单元格，快速计算其他年份对应的定基增长速度，如图 8-20 所示。

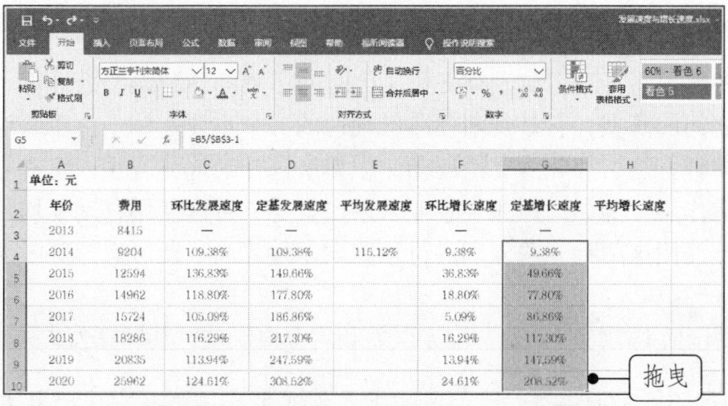

图 8-20 | 计算其他年份对应的定基发展速度

（10）选择 H4 单元格，在编辑栏中输入"=E4-1"，即利用公式"增长速度=发展速度-1"计算平均增长速度，按【Ctrl+Enter】组合键返回计算结果，如图 8-21 所示（配套资源：效果\第 8 章\发展速度与增长速度.xlsx）。

图 8-21 | 计算平均增长速度

专家点拨

　　仅利用发展速度和增长速度是无法体现现象的绝对量量级的。例如甲、乙两个企业销售额的环比增长速度都是 10%，但甲企业前期的销售额为 1 亿元，乙企业前期的销售额为 10 万元，能够明显判断甲企业增长的销售额远高于乙企业。针对这种情况，我们可以使用"增长 1%的绝对值"这一指标，它的计算公式为"计算期增长 1%的绝对值=前期水平/100"，利用该指标，就能够判断出上述两个企业的发展情况，即甲企业增长 1%对应的绝对量为 100 万元，乙企业增长 1%对应的绝对量则为 1000 元。

8.2　利用时间序列进行外推预测

　　所谓外推预测，即利用已经发生的数据推测未来的数据。时间序列中的数值均是真实发生的历史数据，因此利用时间序列进行外推预测就更接近事实，这种预测方法在实际应用中也越来越广泛。本节将主要介绍移动平均预测法、指数平滑预测法和线性趋势预测法这 3 种常用的时间序列外推预测方法。

▌ 8.2.1　时间序列的预测误差

　　在正式学习外推预测方法之前，有必要了解时间序列的预测误差的计算。该预测误差是指预测值与实际值之间的离差，它是判断预测准确性的一个重要指标。由于利用时间序列进行外推预测可以选用多种方法，因此需要借助预测误差来选择最优的方法，这就是预测误差在外推预测时起到的根本作用。例如，预测某企业未来产量时，可以使用移动平均预测法或指数平滑预测法进行预测，使用这两种方法分别进行预测误差计算后，便可选择其中误差更小的一种方法来使用。

　　预测误差主要包括平均绝对误差、均方误差和均方根误差，其计算公式分别如下所示。

- **平均绝对误差** $\mid MAD = \dfrac{\sum |y_t - \hat{y}_t|}{n}$，代表各期实际值与预测值的离差绝对数的算术平均数。

- **均方误差** $\mid MSE = \dfrac{\sum (y_t - \hat{y}_t)^2}{n}$，代表各期预测误差的平方的算术平均数。

- **均方根误差** $\mid RMSE = \sqrt{\dfrac{\sum (y_t - \hat{y}_t)^2}{n}}$，代表各期预测误差平方的算术平均数的平方根，即均方误差的平方根，也叫标准误差。

▌ 8.2.2　移动平均预测法

　　移动平均预测法是根据时间序列资料逐项推移，依次计算包含一定项数的序时平均值，以反映长期趋势的方法。当时间序列的数值由于受周期变动和随机波动的影响，起伏较大且不易显示出现象的发展趋势时，使用移动平均预测法就可以消除这些因素的影响，显示出现象的发展方向与趋势，最终实现对序列长期趋势的预测。

　　根据时间序列的不同，移动平均预测法可以分为简单移动平均预测法和加权移动平均预测法。

1. 简单移动平均预测法

简单移动平均预测法是将时间序列中最近 k 期数据的简单算数平均数作为下一期的预测值，其计算公式如下所示。

$$\hat{y}_{t+1} = \left(y_1 + y_{t-1} + y_{t-2} + \cdots + y_{t-k+1} \right) = \frac{1}{k} \cdot \sum_{t-k+1}^{t} y$$

上式中，$\hat{y}_{t+1}$ 代表第 $t+1$ 期的预测值；$y_1, y_{t-1}, y_{t-2}, \cdots, y_{t-k+1}$ 代表最近 k 个时期的实际值，k 为移动平均的项数，t 为最新观察期。

【实验室】预测幼儿园报名人数

某幼儿园近 10 年报名人数如表 8-5 所示，现利用 3 项移动平均和 5 项移动平均来预测该幼儿园 2021 年的报名人数，并结合预测误差确定更为准确的预测数据。

表 8-5 幼儿园近 10 年报名人数汇总（单位：人）

2011 年	2012 年	2013 年	2014 年	2015 年	2016 年	2017 年	2018 年	2019 年	2020 年
245	258	252	264	282	278	288	292	300	302

采用 3 项移动平均预测，则 2011—2013 年报名人数的简单算数平均数就是 2014 年的预测值；2012—2014 年报名人数的简单算数平均数就是 2015 年的预测值，依次类推；采用 5 项移动平均预测，则 2011—2015 年报名人数的简单算数平均数就是 2016 年的预测值；2012—2016 年报名人数的简单算数平均数就是 2017 年的预测值，依次类推。将预测值与实际值相减就是预测误差，利用均方误差来计算误差大小就可以判断哪种预测方法更为准确，具体计算数据如表 8-6 所示。

表 8-6 幼儿园报名人数预测（单位：人）

年份	报名人数 y	3 项移动平均预测值 $\hat{y}$	离差 $y-\hat{y}$	均方误差 $(y-\hat{y})^2$	5 项移动平均预测值 $\hat{y}$	离差 $y-\hat{y}$	均方误差 $(y-\hat{y})^2$
2011 年	245	—	—	—	—	—	—
2012 年	258	—	—	—	—	—	—
2013 年	252	—	—	—	—	—	—
2014 年	264	251.7	12.3	152.1	—	—	—
2015 年	282	258.0	24.0	576.0	—	—	—
2016 年	278	266.0	12.0	144.0	260.2	5.8	33.6
2017 年	288	274.7	13.3	177.8	266.8	7.9	61.9
2018 年	292	282.7	9.3	87.1	272.8	9.9	97.4
2019 年	300	286.0	14.0	196.0	280.8	5.2	27.0
2020 年	302	293.3	8.7	75.1	288.0	5.3	28.4
2021 年	—	298.0	—	—	292.0	—	—
合计	—	—	—	1408.1	—	—	248.4
平均	—	—	—	201.2	—	—	49.7

由表 8-6 可见，采用 5 项移动平均预测的均方误差 49.7 小于采用 3 项移动平均预测的均方误差，因此应该使用 5 项移动平均预测的预测结果，即 2021 年该幼儿园预计的报名人数为 292 人。

专家点拨

如果某现象的时间序列存在周期波动，在使用移动平均预测法时，确定移动平均的项数应等于周期的长度，这样才能提高预测的准确性。例如，以月度为时间单位的时间序列，则移动平均项数应为"12"；以季度为时间单位的时间序列，则移动平均项数应为"4"。

2. 加权移动平均预测法

简单移动平均预测法忽略了观察值时间远近对未来的影响，赋予了每个观察值相同的权数，而实际上越久远的观察值对现在的影响比近期的观察值要低。因此，加权移动平均预测法采用"近大远小"的原则，赋予不同时期观察值不同的权数，以便使预测结果更符合实际情况。

例如，某企业 2020 年 3 月的实际销售额为 100 万元，4 月的实际销售额为 120 万元，5 月的实际销售额为 140 万元，则可以利用加权移动平均预测法为 3 月、4 月、5 月分别赋予 1、2、3 的权数，此时 6 月的预测销售额如下所示。

$$\hat{y}_{6月} = \frac{(100\times1+120\times2+140\times3)}{1+2+3}$$
$$\approx 126.67（万元）$$

8.2.3 指数平滑预测法

指数平滑预测法是通过对过去的观察值加权平均进行预测的一种方法，与加权移动平均预测法不同的是，指数平滑预测法只需要存储少量的数据，有时甚至只需要一个最新的观察值、最新的预测值和平滑系数 α 值即可。而加权移动平均预测法需要存储多个时期的实际观察值，如果移动平均的项数设置得较大时，需要存储的数据量也会变得很大。另外，更为重要的是，指数平滑预测法的权数是呈指数递减的，加权移动平均预测法的权数则是呈等差递减的，相比而言指数平滑预测法的误差就更小。

指数平滑预测法有一次指数平滑、二次指数平滑、多次指数平滑之分，这里仅介绍一次指数平滑预测法的使用方法。一次指数平滑预测法是以本期实际观察值和本期预测值为基数，分别赋予二者不同的权数，以求出指数平滑值来作为下一期的预测值，其计算公式如下所示。

$$\hat{y}_{t+1} = \alpha \cdot y_t + (1-\alpha) \cdot \hat{y}_t$$

上式中，$\hat{y}_{t+1}$ 代表第 $t+1$ 期的预测值，也是第 t 期的指数平滑值；y_t 代表第 t 期的实际观察值；$\hat{y}_t$ 代表第 t 期的预测值，也是第 $t-1$ 期的指数平滑值；α 代表平滑系数，其取值范围是[0,1]。

【实验室】预测餐馆销售额

某餐馆近 10 周的销售额如表 8-7 所示，现需要利用指数平滑预测法预测餐馆第 11 周的销售额。

表 8-7　餐馆近 10 周销售额汇总（单位：万元）

第1周	第2周	第3周	第4周	第5周	第6周	第7周	第8周	第9周	第10周
3.5	4.2	4.0	4.8	5.2	5.5	5.6	7.0	7.4	7.8

使用指数平滑预测法时，公式 $\hat{y}_{t+1} = \alpha \cdot y_t + (1-\alpha) \cdot \hat{y}_t$ 中的 $t=1$ 时，$\hat{y}_1$（即第 1 期的预测值）的值一般可以取最初几期的平均值。另外，如果有多个 α 可供选择，则最后还需要利用均方误差来判断更合适的预测方法。该餐馆的具体计算数据如表 8-8 所示。

表 8-8　餐馆销售额预测（单位：万元）

周次	销售额 y	指数平滑预测值			均方误差 $(y-\hat{y})^2$		
		$\alpha=0.1$	$\alpha=0.5$	$\alpha=0.9$	$\alpha=0.1$	$\alpha=0.5$	$\alpha=0.9$
1	3.5	—	—	—	—	—	—
2	4.2	3.9	3.7	3.5	0.1	0.3	0.4
3	4.0	3.9	4.0	4.2	0.0	0.0	0.0
4	4.8	3.9	3.9	4.0	0.8	0.7	0.7
5	5.2	4.0	4.4	4.7	1.5	0.7	0.2
6	5.5	4.1	4.6	5.1	1.9	0.8	0.2
7	5.6	4.3	4.8	5.4	1.8	0.6	0.1
8	7.0	4.4	4.9	5.5	6.8	4.3	2.4
9	7.4	4.6	5.7	6.7	7.6	2.9	0.4
10	7.8	4.9	6.0	7.1	8.3	3.2	0.5
11	—	**5.2**	**6.4**	**7.5**	—	—	—
合计	—	—	—	—	28.8	13.5	4.8
平均	—	—	—	—	3.2	1.5	0.5

由表 8-8 可见，在平滑指数 α 取不同的值时，该餐馆第 11 周的预计销售额也各不相同，结合均方误差的结果来看，当 $\alpha=0.9$ 时，均方误差的值最小，因此应当取 7.5 万元作为该餐馆第 11 周的预测销售额。

8.2.4　线性趋势预测法

移动平均预测法和指数平滑预测法均适合于无趋势存在的平稳型时间序列的短期预测，对于存在趋势变动的趋势型时间序列，使用线性趋势预测法可以更好地对其进行长期预测。

线性趋势预测法实际上就是利用线性回归的方法，结合最小二乘法的思想，建立如下所示的线性趋势方程。

$$\hat{y} = a + b \cdot t$$

然后计算出 a 和 b 的值：

$$b = \frac{n\sum ty - \sum t \sum y}{n\sum t^2 - \left(\sum t\right)^2}$$

$$a = \bar{y} - b\bar{t}$$

最后将计算出的 a 和 b 的值代入到线性趋势方程中，即可预测第 t 期的结果。

【实验室】分析人工成本变动趋势

某家装行业近 20 年的人工成本如表 8-9 所示，现需要利用线性趋势预测法预测 2021—2025 年该家装行业的人工成本。

表 8-9　某家装行业近 20 年人工成本汇总（单位：元/平方米）

2001 年	2002 年	2003 年	2004 年	2005 年	2006 年	2007 年	2008 年	2009 年	2010 年
18	18	17	16	16	17	16	15	15	15

2011 年	2012 年	2013 年	2014 年	2015 年	2016 年	2017 年	2018 年	2019 年	2020 年
16	15	14	14	15	14	13	12	11	10

使用线性趋势预测法首先需要计算出线性趋势方程中参数 a 和参数 b 的值。因此利用已知的时期 t 和实际值 y，可求出 t^2 和 $t \cdot y$ 的值，然后再将数据代入方程，预测 2021—2025 年该家装行

业的人工成本。该家装行业的具体计算数据如表8-10所示。

表8-10　人工成本预测（单位：元/平方米）

年份	时期 t	人工成本 y	t^2	$t \cdot y$
2001	1	18	1	18
2002	2	18	4	36
2003	3	17	9	51
2004	4	16	16	64
2005	5	16	25	80
2006	6	17	36	102
2007	7	16	49	112
2008	8	15	64	120
2009	9	15	81	135
2010	10	15	100	150
2011	11	16	121	176
2012	12	15	144	180
2013	13	14	169	182
2014	14	14	196	196
2015	15	15	225	225
2016	16	14	256	224
2017	17	13	289	221
2018	18	12	324	216
2019	19	11	361	209
2020	20	10	400	200
合计	210	297	2870	2897

根据参数 a 和参数 b 的计算公式，计算出两个参数的结果。

$$b = \frac{n\sum ty - \sum t \sum y}{n\sum t^2 - \left(\sum t\right)^2} = \frac{20 \times 2\,897 - 210 \times 297}{20 \times 2\,870 - 210^2} \approx -0.33$$

$$a = \bar{y} - b\bar{t} = \frac{297}{20} - \left(-0.33\right) \times \frac{210}{20} \approx 18.32$$

因此线性趋势方程为：

$$\hat{y} = 18.32 - 0.33 \cdot t$$

分别将 $t=21$，$t=22$，$t=23$，$t=24$，$t=25$ 代入上述方程中，即可预测出2021—2025年该家装行业人工成本的结果，具体如下所示。

$$\hat{y}_{2021} = 18.32 - 0.33 \times 21 = 11.5 \text{（元）}$$

$$\hat{y}_{2022} = 18.32 - 0.33 \times 22 = 11.2 \text{（元）}$$

$$\hat{y}_{2023} = 18.32 - 0.33 \times 23 = 10.9 \text{（元）}$$

$$\hat{y}_{2024} = 18.32 - 0.33 \times 24 = 10.5 \text{（元）}$$

$$\hat{y}_{2025} = 18.32 - 0.33 \times 25 = 10.2 \text{（元）}$$

8.3　课堂实训——分析并预测企业总产值的发展情况

本章主要介绍了时间序列的分析方法，包括时间序列的含义、分类、影响因素，时间序列的计算指标，以及时间序列常用的预测方法等内容。其中需要重点掌握的是时间序列的计算指标的计算方法，以及 3 种利用时间序列进行外推预测的方法。下面将利用 Excel 对某企业的总产值进行预测，进一步巩固读者所学的本章的相关知识。

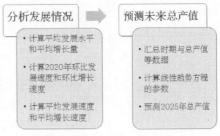

图 8-22｜时间序列分析思路

8.3.1　实训目标及思路

某企业将近 15 年的总产值数据采集到了 Excel 表格中，现在需要通过时间序列分析来了解企业总产值发展与增长情况，同时对企业 2025 年总产值进行预测，具体操作思路如图 8-22 所示。

8.3.2　操作方法

本实训的具体操作如下所示。

（1）打开"总产值.xlsx"工作簿（配套资源：素材\第 8 章\总产值.xlsx），选择 B19 单元格，在编辑栏中输入"=(SUM(B3:B17)−B3/2−B17/2)/14"，利

分析并预测企业总产值的发展情况

用"首尾折半法"的公式 $\bar{y}=\dfrac{\dfrac{y_1}{2}+y_2+y_3+\cdots+y_{n-1}+\dfrac{y_n}{2}}{n-1}$ 计算平均发展水平，

按【Ctrl+Enter】组合键返回计算结果，如图 8-23 所示。

（2）选择 B20 单元格，在编辑栏中输入"=(B17−B3)/15"，利用公式"平均增长量 = $\dfrac{累计增长量}{期数} = \dfrac{y_i-y_0}{n}$"计算该企业每一年的平均增长量，按【Ctrl+Enter】组合键返回计算结果，如图 8-24 所示。

（3）选择 B21 单元格，在编辑栏中输入"=B17/B16"，利用公式" $r_i=\dfrac{y_i}{y_{i-1}}$ "计算该企业 2020 年的环比发展速度，按【Ctrl+Enter】组合键返回计算结果，如图 8-25 所示。

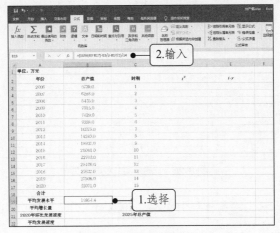

图 8-23｜计算平均发展水平

图 8-24 | 计算平均增长量

图 8-25 | 计算环比发展速度

（4）选择 B22 单元格，在编辑栏中输入"=POWER(B17/B3,1/15)"，利用公式"$\bar{r} = \sqrt[n]{\dfrac{y_n}{y_0}}$"计算企业的平均发展速度，按【Ctrl+Enter】组合键返回计算结果，如图 8-26 所示。

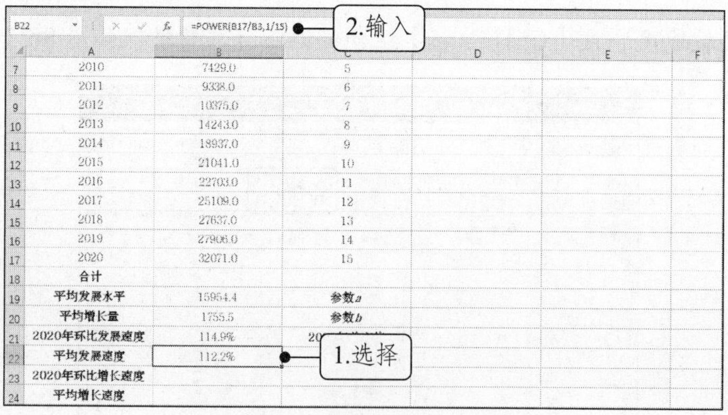

图 8-26 | 计算平均发展速度

（5）选择 B23 单元格，在编辑栏中输入"=B21-1"，利用公式"$G_i = \dfrac{y_i}{y_{i-1}} - 1$"计算企业 2020 年的环比增长速度，按【Ctrl+Enter】组合键返回计算结果，如图 8-27 所示。

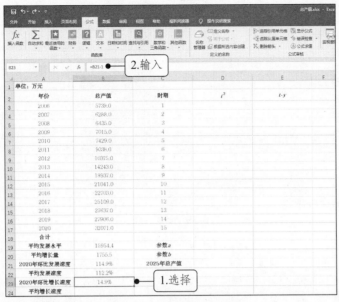

图 8-27 | 计算环比增长速度

（6）选择 B24 单元格，在编辑栏中输入"=B22-1"，利用公式"平均增长速度=平均发展速度-1"计算企业的年平均增长速度，按【Ctrl+Enter】组合键返回计算结果，如图 8-28 所示。

（7）选择 D3:D17 单元格区域，在编辑栏中输入"=C3^2"，按【Ctrl+Enter】组合键返回 t^2 的值，如图 8-29 所示。

（8）选择 E3:E17 单元格区域，在编辑栏中输入"=B3*C3"，按【Ctrl+Enter】组合键返回 $t \cdot y$ 的值，如图 8-30 所示。

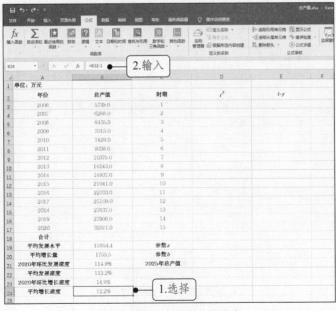

图 8-28 | 计算平均增长速度

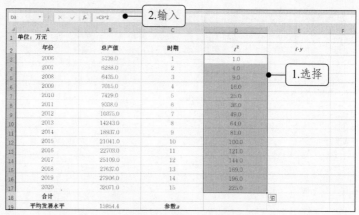

图 8-29 | 计算 t^2 的值

图 8-30 | 计算 $t \cdot y$ 的值

（9）选择 B18:E18 单元格区域，在【公式】→【函数库】组中单击"自动求和"按钮 $\sum$，如图 8-31 所示。

图 8-31 | 汇总表格项目

（10）选择 D20 单元格，在编辑栏中输入"=(C17*E18-B17*C17)/(C17*D18-C18^2)"，

利用公式"$b = \dfrac{n\sum ty - \sum t\sum y}{n\sum t^2 - (\sum t)^2}$"计算该参数的值,按【Ctrl+Enter】组合键返回计算结果,如图 8-32 所示。

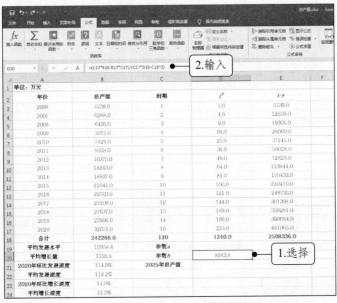

图 8-32 | 计算方程参数 *b*

(11)选择 D19 单元格,在编辑栏中输入"=B18/C17-D20*(C18/C17)",利用公式"$a = \bar{y} - b\bar{t}$"计算该参数的值,按【Ctrl+Enter】组合键返回计算结果,如图 8-33 所示。

(12)选择 D21 单元格,在编辑栏中输入"=D19+D20*(C17+5)",利用公式"$\hat{y} = -54599.4 + 8843.8 \cdot t$"预测 2025 年的总产值,按【Ctrl+Enter】组合键返回计算结果,如图 8-34 所示(配套资源:效果\第 8 章\总产值.xlsx)。

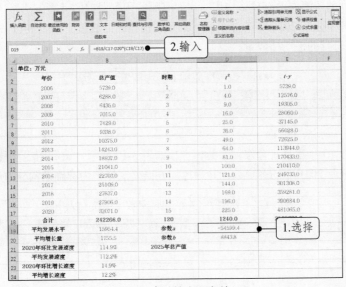

图 8-33 | 计算方程参数 *a*

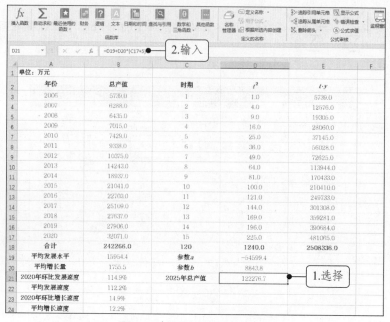

图 8-34 | 预测 2025 年总产值

 ## 8.4 课后练习

（1）要使时间序列的观察值具有可比性，需要注意些什么？

（2）时间序列有哪些分类？

（3）影响时间序列的因素有哪些？

（4）逐期增长量和累计增长量的含义是什么？二者有什么联系？用公式表示出来。

（5）环比发展速度与定基发展速度之间有什么关系？列出相应的公式。

（6）增长速度与发展速度有什么不同？

（7）时间序列的预测误差有什么作用？主要有哪些预测误差的计算方法？

（8）某自媒体企业在 2020 年统计了其下某系列视频的播放量，如表 8-11 所示，试计算该系列视频在 2020 年每月的平均播放量。

表 8-11 视频播放量汇总（单位：百万次）

1 月 1 日	3 月 31 日	7 月 31 日	10 月 31 日	12 月 31 日
1.53	2.58	5.06	6.84	8.28

（9）某企业近 10 年建立有合作关系的客户数如表 8-12 所示，试利用 3 项移动平均和 5 项移动平均来预测该企业 2021 年的客户数，并通过均方误差选择更为准确的预测方法和数据。

表 8-12 具有合作关系的客户数（单位：人）

2011 年	2012 年	2013 年	2014 年	2015 年	2016 年	2017 年	2018 年	2019 年	2020 年
5	36	98	204	468	514	564	865	1006	1546

第 9 章

数据可视化展现

【学习目标】

➢ 了解统计表的构成与分类
➢ 掌握各种图表的用途与制作方法
➢ 熟悉数据透视表和数据透视图的操作

数据分析的过程往往是非常烦琐和复杂的，对于非专业人员而言会过于困难。同时，企业或单位的管理层更为关注的也是数据分析的结果和预测的趋势等内容。因此，如何将难以理解的数据转换为浅显易懂的内容，就是本章将要介绍的数据可视化展现。通过这种方式的处理，我们可以将数据分析的结果更加直观地显示出来，让他人可以更好地理解和接收数据的信息。

9.1 统计表

统计表可以将数据结果清晰地显示出来，是数据资料整理非常方便的工具，也是常用的数据展现手段。

9.1.1 统计表的结构

统计表的结构并没有严格规定，但一般可以由图 9-1 所示的内容构成。

图 9-1 | 统计表构成示意图

- **表格标题** | 反映表格数据的大致内容。
- **表格项目** | 也称表格字段，图 9-1 中的"类别""工资总额（万元）"和"占比（%）"，

都是该表格的项目，各项目下方对应的一列数据，即项目数据。

- **表格数据** | 也称数据记录，即除项目所在行以外的其他各行，每一行就是一条表格数据。

9.1.2 统计表的分类

按照内容组织的形式不同，统计表有简单表、分组表和复合表之分。

- **简单表** | 指统计总体未经任何分组的统计表，它的表格项目是总体各单位的简单排列，或是年、月、日等日期的简单排列，如图 9-2 所示。

公司员工月工资数据汇总（单位：万元）											
1月	2月	3月	4月	5月	6月	7月	8月	9月	10月	11月	12月
26.5	19.5	26.8	26.4	28.9	29.2	31.0	30.5	29.4	28.4	27.8	27.0

图 9-2 | 简单表

- **分组表** | 指总体仅按一个统计标志进行分组的统计表。这类表格可以按品质标志分组，也可以按数量标志分组，能够揭示现象的类型，反映总体的内部结构，分析现象之间的依存关系。图 9-1 所示的统计表则是典型的分组表。

- **复合表** | 指总体按两个以上统计标志进行层叠分组的统计表，它可以更好地表现出各个分组标志之间的关系，如图 9-3 所示。

公司员工工资数据汇总			
分组	类别	工资总额（万元）	占比（%）
性别	男	18.9	61.0%
	女	12.1	39.0%
学历	大专及以下	9.8	31.6%
	大学本科及以上	21.2	68.4%
级别	普通职员	20.6	66.5%
	部门管理人员	6.8	21.9%
	公司高管	3.6	11.6%

图 9-3 | 复合表

专家点拨

Excel 自身就是非常实用的表格处理软件，因此制作统计表时，可以直接将数据分析的结果录入到 Excel 中。如果是利用 Excel 进行的数据分析工作，则可以借助公式、函数等对象来建立统计表，具体操作本书前面已经有过涉及，这里不再做进一步介绍。

9.2 统计图

"字不如表，表不如图"，这句俗语充分说明了统计图的作用。虽然统计表可以极大地简化数据内容，但从"可视化"的角度来看，统计表中的数据无法直观地让人感受到数据之间的差距和趋势，使用统计图则可以将这些关系形象地展示出来，因此统计图是更受青睐的一种数据展示工具。本节将以 Excel 2016 软件为例，详细介绍统计图的结构、类型、应用以及使用方法等（Excel 2016 中对应的功能名称为"图表"，下文用"图表"指代"统计图"）。

9.2.1　图表的结构

Excel 的图表可以将单元格中的数据以图形化的形式显示出来，从而让人能够更加直观地发现数据的关系。就图表而言，由于类型的不同，其结构也不尽相同。为了便于读者理解，下面以二维柱形图为例，介绍图表的组成结构，如图 9-4 所示。

二维柱形图主要由图表标题、图例、数据系列、数据标签、网格线和坐标轴等对象构成。

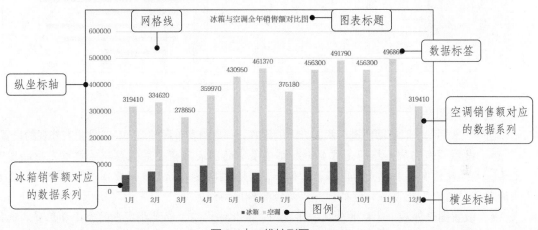

图 9-4｜二维柱形图

- **图表标题**｜即图表名称，可以让使用者及时知晓图表所反映的数据，该对象可根据需要选择是否删除。
- **图例**｜显示图表中各组数据系列表示的对象。例如，在图 9-4 中，我们通过图例可以清楚地发现深色数据系列代表冰箱的销售额，浅色的数据系列代表空调的销售额。当图表中仅存在一种数据系列时，则图例可删除，但当存在多个数据系列时，图例应该存在。
- **数据系列**｜图表中的图形部分就是数据系列，每一组相同的数据系列对应图例中相同格式的对象。图表中可以同时存在多组数据系列，但不能没有数据系列。
- **数据标签**｜显示数据系列对应的具体数据，我们可根据需要选择是否删除。
- **网格线**｜包括水平网格线和垂直网格线，作用在于辅助显示数据系列对应的数据大小，可根据需要选择是否删除。
- **坐标轴**｜包括横坐标轴和纵坐标轴，用于辅助显示数据系列的类别和大小。坐标轴的标题、刻度等数据可根据需要进行调整。

9.2.2　图表的创建与设置

在 Excel 中使用图表展现数据时，往往都是遵循创建图表、设置图表和美化图表的流程，下面依次进行简单介绍。

1. 创建图表

在 Excel 中创建图表的常用方法为：选择数据所在的单元格区域，在【插入】→【图表】组中单击某种图表类型对应的下拉按钮，并在弹出的下拉列表中选择具体的某种图表即可，如图 9-5 所示。

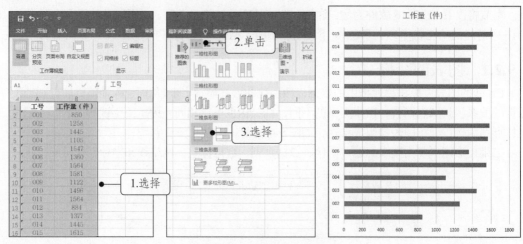

图 9-5｜创建图表的过程

2. 设置图表

创建图表后，一般还需要进行两大方面的设置，一是图表布局的设置，二是图表外观的设置。

- **设置图表布局**｜指的是需要添加哪些没有的图表元素，或需要删除哪些无用的图表元素，或修改已有图表元素的内容等。例如，是否删除图表标题或修改图表标题内容、是否删除或移动图例、是否添加数据标签、是否删除网格线等。

- **设置图表外观**｜此处的外观并不是图表美化的内容，而是指图表的大小和位置。选择图表后，拖曳其四周的控制点可调整图表大小，在图表内的空白区域拖曳鼠标则可移动图表。

3. 美化图表

图表的美化应依次遵循数据表现准确、直观和美观的要求，因为美化图表的目的，就是为准确和直观地表现数据服务的。选择图表，在【图表工具 设计】→【图表样式】组中可以直接使用 Excel 预设的图表样式和颜色，达到快速美化图表的目的。

如果想进一步美化图表的某个元素，则可双击图表对象，此时将打开"设置图表区格式"窗格，选择图表中需要进行美化的元素后，窗格中的设置参数会自动变化，在窗格中进行需要的美化设置即可，美化图表中的数据系列如图 9-6 所示。

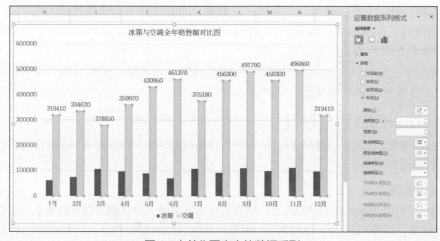

图 9-6｜美化图表中的数据系列

【实验室】查看一周内手机每天的使用时间

小张将自己最近一周使用手机的时间录入到了 Excel 中，现需要建立柱形图来对比每天的手机使用情况，以直观地分析一周内手机的使用量，其具体操作如下所示。

查看一周内手机
每天的使用时间

（1）打开"手机使用量.xlsx"工作簿（配套资源：素材\第 9 章\手机使用量.xlsx），选择 A1:B8 单元格区域，在【插入】→【图表】组中单击"柱形图"下拉按钮，在弹出的下拉列表中选择"三维柱形图"栏下的第 1 种图表类型，如图 9-7 所示。

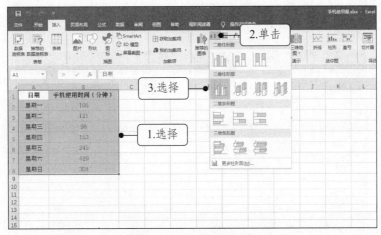

图 9-7｜创建三维柱形图

（2）选择创建的三维柱形图，向右下方拖曳图表右下角的控制点，适当增加图表的大小，如图 9-8 所示。

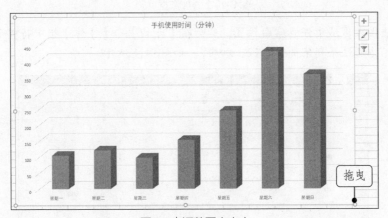

图 9-8｜调整图表大小

（3）在【图表工具 设计】→【图表样式】组的"样式"下拉列表框中选择"样式7"选项，单击左侧的"更改颜色"下拉按钮，在弹出的下拉列表中选择"单色调色板4"选项，如图 9-9 所示。

（4）在"图表布局"组中单击"添加图表元素"下拉按钮，在弹出的下拉列表中选择【数据标签】→【数据标注】选项，如图 9-10 所示。

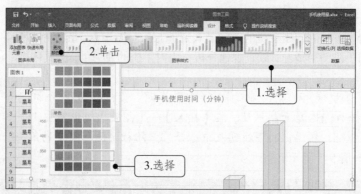

图 9-9 | 设置图表样式和颜色

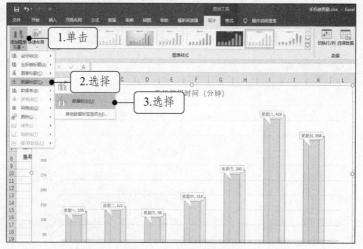

图 9-10 | 添加数据标签

（5）单击图表区域中任意空白位置，然后在【开始】→【字体】组中将整个图表的字体样式设置为"方正兰亭刊宋简体、12、加粗"，如图 9-11 所示。

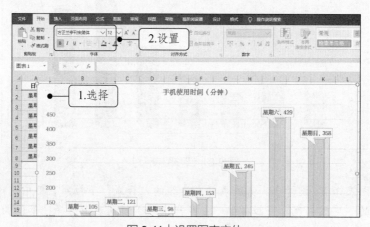

图 9-11 | 设置图表字体

（6）双击添加的数据标签，打开"设置数据标签格式"窗格，单击"标签选项"按钮，展开"标签选项"目录，仅选中其下的"值"复选框，如图 9-12 所示。

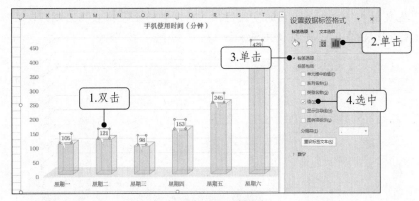

图 9-12 | 设置数据标签格式

（7）选择数据系列对象，然后再次单击星期六对应的数据系列对象，将其单独选中，如图 9-13 所示。

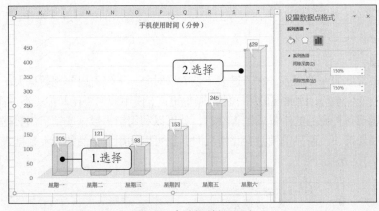

图 9-13 | 选择数据系列

（8）在"设置数据点格式"窗格中单击"填充与线条"按钮，展开"填充"目录，选中"纯色填充"单选项，单击下方的"颜色"下拉按钮，在弹出的下拉列表中选择"红色"选项，如图 9-14 所示。

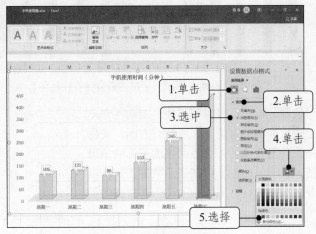

图 9-14 | 设置数据点格式

统计与数据分析基础（微课版）

（9）拖曳图表任意4个角内的空白区域，将图表移至表格数据右侧，效果如图9-15所示（配套资源：效果\第9章\手机使用量.xlsx）。

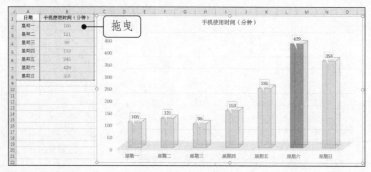

图9-15｜移动图表

9.2.3 图表的类型与应用

Excel预设了各种类型的图表，在数据分析应该选择最合适的类型进行操作，下面便介绍一些常用的图表类型及其应用领域。

1. 柱形图

柱形图是最常见的一种图表，它通过多个长方形对象，不仅可以实现数据大小的对比，还能反映数据的发展变化趋势，因此在应用中的范围也更广，使用频率要比其他类型的图表更高一些。例如，当需要展现各种商品的销量或销售额时，就可以利用销售数据或销售额数据来建立柱形图进行对比；要展现某一种商品的销量变化情况时，也可以利用该商品的销量数据来建立柱形图进行分析，如图9-16所示。

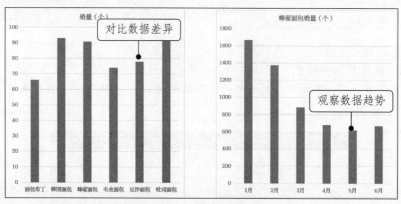

图9-16｜利用柱形图分析数据差异或变化趋势

另外，在统计与数据分析中还可以利用柱形图功能来建立直方图，直观地反映数据的分布情况。所谓直方图，又称质量分布图，是一种统计报告图，由一系列高度不等的矩形条表示数据分布的情况，一般用横坐标轴表示数据类型，纵坐标轴表示分布情况。标准的直方图为中间高、两边低的无间隔的柱形图，如图9-17所示。

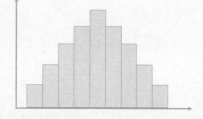

图9-17｜标准的直方图

【实验室】制作直方图显示成绩分布情况

在 Excel 中可以利用柱形图功能快速制作直方图，但前提需要将数据进行分组统计，然后以统计后的数据为数据源。下面统计某班级数学成绩的情况，然后创建直方图，其具体操作如下所示。

制作直方图显示
成绩分布情况

（1）打开"直方图.xlsx"工作簿（配套资源：素材\第 9 章\直方图.xlsx），选择 B15 单元格，在编辑栏中输入"=COUNTIF(A2:D13,"<60")"，表示在 A2:D13 单元格区域统计数值小于 60 的单元格的个数，按【Ctrl+Enter】组合键返回计算结果，如图 9-18 所示。

图 9-18 | 统计低于 60 分的人数

（2）选择 B16 单元格，在编辑栏中输入"=COUNTIF(A2:D13,"<=70")−B15"，表示在 A2:D13 单元格区域统计数值小于或等于 70 且大于或等于 60 的单元格个数，按【Ctrl+Enter】组合键返回计算结果，如图 9-19 所示。

图 9-19 | 统计 60~70 分的人数

（3）选择 B17 单元格，在编辑栏中输入"=COUNTIF(A2:D13,"<=80")−B15−B16"，表示在 A2:D13 单元格区域统计数值小于或等于 80 且大于或等于 71 的单元格个数，按【Ctrl+Enter】组合键返回计算结果，如图 9-20 所示。

（4）选择 B18 单元格，在编辑栏中输入"=COUNTIF(A2:D13,"<=90")−B15−B16−B17"，表示在 A2:D13 单元格区域统计数值小于或等于 90 且大于或等于 81 的单元格个数，按【Ctrl+Enter】组合键返回计算结果，如图 9-21 所示。

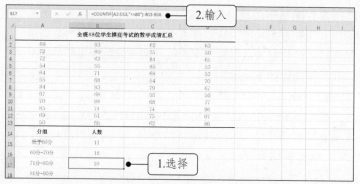

图 9-20 ｜ 统计 71～80 分的人数

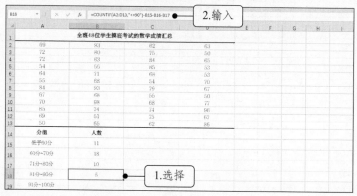

图 9-21 ｜ 统计 81～90 分的人数

专家点拨

　　如果感觉上例中使用 COUNTIF 函数过于复杂，则可以直接使用 COUNTIFS 函数来完成。例如，要统计 60～70 分的人数，直接输入以下公式即可：=COUNTIFS (A2:D13,">=60",A2:D13,"<=70")。换句话说，COUNTIFS 函数可以同时设置多个条件，更能够满足限制条件较多时的数量统计。

　　（5）选择 B19 单元格，在编辑栏中输入"=COUNTIF(A2:D13,">=91")"，表示在 A2:D13 单元格区域统计数值大于或等于 91 的单元格个数，按【Ctrl+Enter】组合键返回计算结果，如图 9-22 所示。

图 9-22 ｜ 统计 91～100 分的人数

（6）选择 A14:B19 单元格区域，在【插入】→【图表】组中单击"柱形图"下拉按钮 ，在弹出的下拉列表中选择第 1 种图表类型，然后调整所创建的柱形图的大小，如图 9-23 所示。

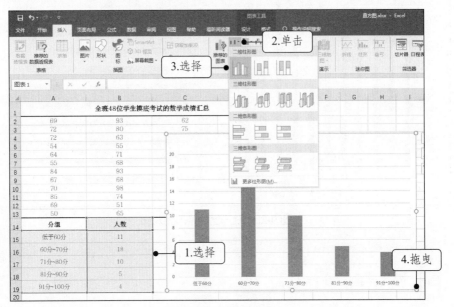

图 9-23 | 创建柱形图

（7）将图表标题的内容设置为"数学成绩各分组的人数"，在【图表工具 设计】→【图表样式】组的"样式"下拉列表框中选择"样式 6"选项，然后将柱形图的字体格式设置为"方正兰亭刊宋简体、12、加粗"。双击数据系列对象，在打开的窗格中将系列选项的间隙宽度设置为"0%"，可见该直方图整体分布向左倾斜，说明本次数学考试的成绩在中下水平，如图 9-24 所示（配套资源：效果\第 9 章\直方图.xlsx）。

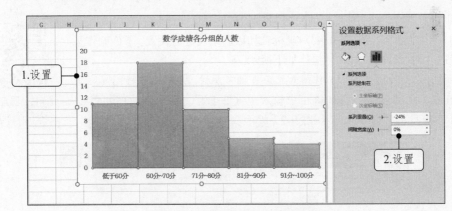

图 9-24 | 设置数据系列间隙宽度

2. 条形图

条形图实际上相当于横向的柱形图，如果柱形图的横坐标轴标签过长或过多，影响了柱形图的可读性和美观性时，就可以选择创建条形图，如图 9-25 所示。

另外，条形图的特征决定了它可以很方便地用来制作甘特图。甘特图又称为横道图，主要通过横向的矩形条来显示项目进度，以及其他和时间相关的对象的进展情况，如图 9-26 所示。

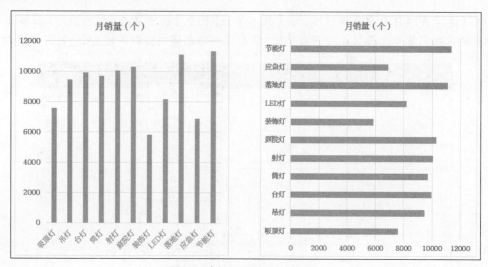

图 9-25｜柱形图和条形图对比

图 9-26｜甘特图

【实验室】制作甘特图查看项目各阶段的进度

利用条形图制作甘特图时需要对坐标轴和数据系列进行设置。下面制作某项目开展进度的甘特图，其具体操作如下所示。

（1）打开"甘特图.xlsx"工作簿（配套资源：素材\第 9 章\甘特图.xlsx），选择 D2:D6 单元格区域，在编辑栏中输入"=C2-B2"，按【Ctrl+Enter】组合键计算各阶段的预计天数，如图 9-27 所示。

制作甘特图查看项目各阶段的进度

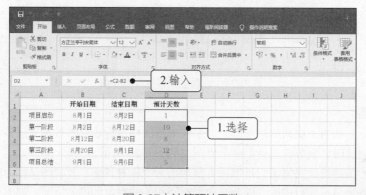

图 9-27｜计算预计天数

（2）选择 A1:B6 单元格区域，按住【Ctrl】键加选 D1:D6 单元格区域，在【插入】→【图表】组中单击"柱形图"下拉按钮 ▉▾，在弹出的下拉列表中选择"二维条形图"栏下的第 2 种图表类型，如图 9-28 所示。

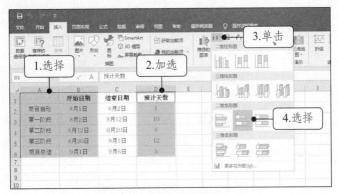

图 9-28｜插入条形图

（3）拖曳图表控制点调整图表大小，将图标标题修改为"项目进度甘特图"，删除图例对象，然后将图表中的所有文本的字体格式设置为"方正兰亭刊宋简体、12、加粗"，如图 9-29 所示。

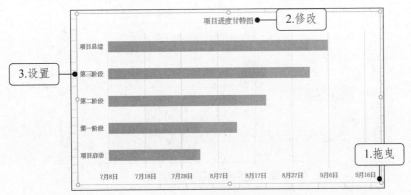

图 9-29｜调整布局和字体格式

（4）选择数据系列，打开"设置数据系列格式"窗格，单击"填充与线条"按钮，依次选中"填充"栏下的"无填充"和"边框"栏下的"无线条"单选项，如图 9-30 所示。

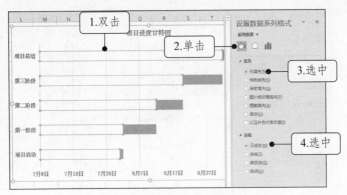

图 9-30｜设置数据系列格式

（5）选择横坐标轴，单击"坐标轴选项"按钮⏹，将最小值设置为"44044"，即代表 2020 年 8 月 1 日，如图 9-31 所示。

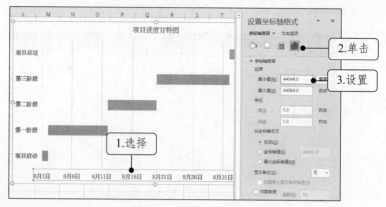

图 9-31｜设置横坐标轴最小值

（6）选择数据系列，单击"坐标轴选项"按钮⏹，将间隙宽度设置为"60%"，如图 9-32 所示。

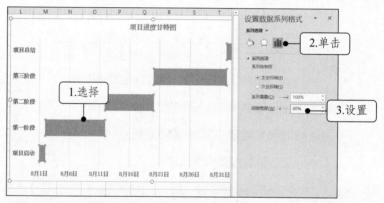

图 9-32｜设置数据系列间隙宽度

（7）选择纵坐标轴，单击"坐标轴选项"按钮⏹，选中"逆序类别"复选框，如图 9-33 所示。

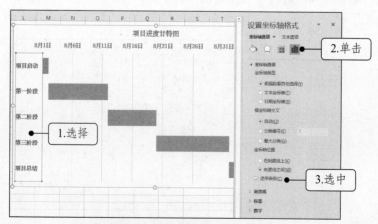

图 9-33｜设置纵坐标轴排列顺序

（8）拖曳图表至合适的位置即可（配套资源：效果\第9章\甘特图.xlsx），如图9-34所示。

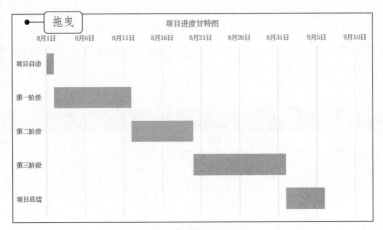

图9-34 | 移动图表位置

3. 折线图

折线图是能够较好体现数据变化趋势的图表类型，它可以将数值标记为点，通过直线将这些点顺序连接起来，通过多条折线不同的高低起伏状态，来直观地反映数据的趋势变化情况。

另外，折线图可以同时显示多组现象的数据趋势，如果结合Excel的组合图功能，还能实现在同一坐标轴中创建主坐标和次坐标的组合图形，进而实现帕累托图的创建。

帕累托图又叫排列图、主次图，是按照发生频率大小顺序绘制的图表，表示有多少结果是由已确认类型或范畴的原因所造成的，如利用帕累托图来分析产品质量问题，可以确定产生质量问题的主要因素等。图9-35所示为帕累托图的基本外观效果。

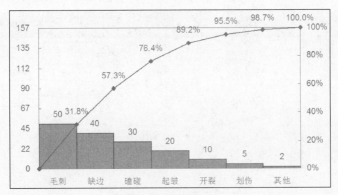

图9-35 | 帕累托图

专家点拨

帕累托图依据的是帕累托法则，也就是常说的"二八原理"，即百分之八十的问题是由百分之二十的原因所造成的。帕累托图在数据统计和分析中主要用来找出产生大多数问题的关键原因。

【实验室】制作帕累托图分析企业的主要收入来源

在Excel中可以使用其预设的组合图功能快速完成帕累托图的制作，其具体操作如下所示。

（1）打开"帕累托图.xlsx"工作簿（配套资源：素材\第 9 章\帕累托图.xlsx），选择 C2:C7 单元格区域，在编辑栏中输入"=SUM($B$2:B2)/SUM($B$2:$B$7)"，表示将当前项目累加来除以所有项目的收入数据，得到当前累计项目的累计占比，按【Ctrl+Enter】组合键返回计算结果，如图 9-36 所示。

制作帕累托图分析企业的主要收入来源

图 9-36｜计算累计占比

（2）选择 A1:C7 单元格区域，在【插入】→【图表】组中单击"组合图"下拉按钮，在弹出的下拉列表中选择"创建自定义组合图"命令，如图 9-37 所示。

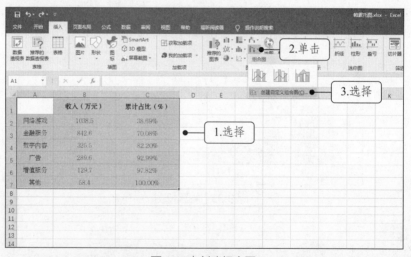

图 9-37｜创建组合图

（3）打开"插入图表"对话框，选中"累计占比"栏右侧对应的复选框，表示将累计占比数据系列作为次坐标，然后在"累计占比"栏的下拉列表框中选择"折线图"栏下的第 4 种折线图类型，单击 确定 按钮，如图 9-38 所示。

（4）拖曳图表控制点调整图表大小，将图标标题修改为"企业收入统计图"，然后将图表中的所有文本的字体格式设置为"方正兰亭刊宋简体、12、加粗"，如图 9-39 所示。

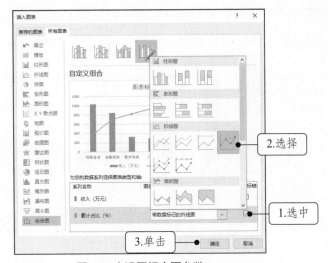

图 9-38 | 设置组合图参数

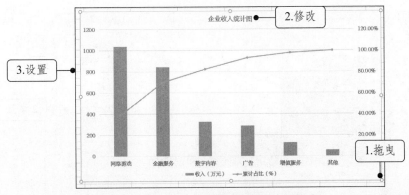

图 9-39 | 设置图表标题和字体格式

（5）在【图表工具 设计】→【图表布局】组中单击"添加图表元素"下拉按钮，在弹出的下拉列表中选择【数据标签】→【居中】选项，如图 9-40 所示。

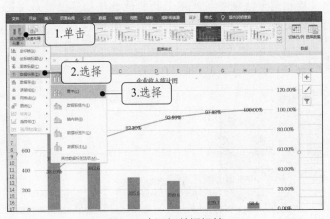

图 9-40 | 添加数据标签

（6）双击柱形图对应的数据系列，打开"设置数据系列格式"窗格，单击"填充与线条"按钮，将边框宽度设置为"1.5"，如图 9-41 所示。

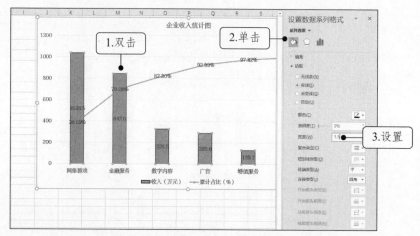

图 9-41｜设置数据系列边框线

（7）单击"系列选项"按钮📊，将间隙宽度设置为"60%"，如图 9-42 所示。

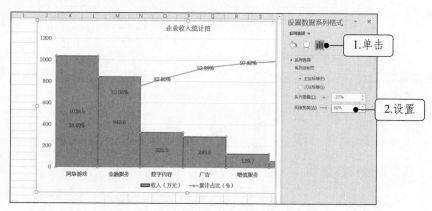

图 9-42｜设置数据系列间隙宽度

（8）选择折线图数据系列上的数据标签，然后单击其中任意一个标签对象，将其拖曳到对应折线点的上方。按相同方法调整折线图上的其他数据标签，最后将图表移动到合适的位置即可（配套资源：效果\第 9 章\帕累托图.xlsx），如图 9-43 所示。

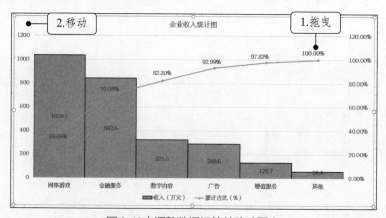

图 9-43｜调整数据标签并移动图表

4. 饼图

饼图可以直观地显示出统计对象的占比关系，同时结合数据标签，我们便能够了解具体对象的比例等数据。也就是说，当需要体现对象之间的比例大小关系时，饼图是首选的图表类型，如图 9-44 所示。

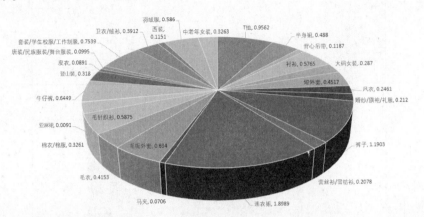

图 9-44 | 饼图

如果觉得上图中的饼图结构过于复杂，影响阅读和理解，则可以创建复合饼图，将占比较小的对象统一起来单独显示，从而简化饼图的结构，提高可读性。

【实验室】查看各商品的交易额占比大小

下面通过制作复合饼图的方式，来查看某公司旗下所有商品的交易额占比大小，其具体操作如下所示。

（1）打开"复合饼图.xlsx"工作簿（配套资源：素材\第 9 章\复合饼图.xlsx），选择 B2 单元格，在【数据】→【排序和筛选】组中单击"降序"按钮，如图 9-45 所示。

查看各商品的交易额占比大小

图 9-45 | 降序排列数据

（2）选择 A1:B14 单元格区域，在【插入】→【图表】组中单击"饼图"下拉按钮，在弹出的下拉列表中选择第 3 种图表类型，如图 9-46 所示。

（3）拖曳图表控制点调整图表大小，将图标标题修改为"各商品交易额占比统计"，然后将图表中的所有文本的字体格式设置为"方正兰亭刊宋简体、12、加粗"，如图 9-47 所示。

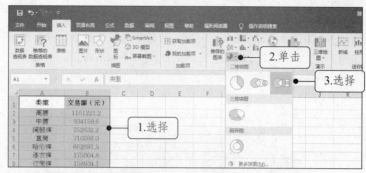

图 9-46 | 建立复合饼图

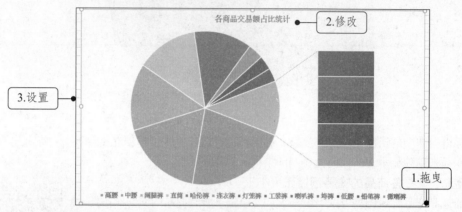

图 9-47 | 设置图表标题和字体格式

（4）双击饼图中的数据系列，打开"设置数据系列格式"窗格，单击"系列选项"下拉按钮，将第二绘图区中的值设置为"8"，如图 9-48 所示。

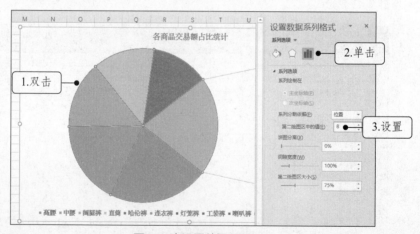

图 9-48 | 设置数据系列

（5）在【图表工具 设计】→【图表布局】组中单击"添加图表元素"下拉按钮，在弹出的下拉列表中选择【数据标签】→【数据标签外】选项，如图 9-49 所示。

（6）选择添加的数据标签，在"设置数据标签格式"窗格中单击"标签选项"按钮，取消选中"值"复选框，并选中"类别名称"和"百分比"复选框，如图 9-50 所示。

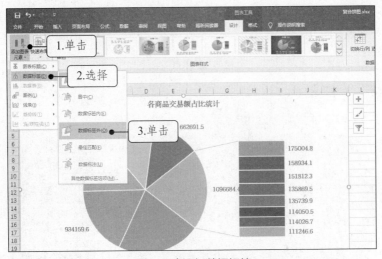

图 9-49 | 添加数据标签

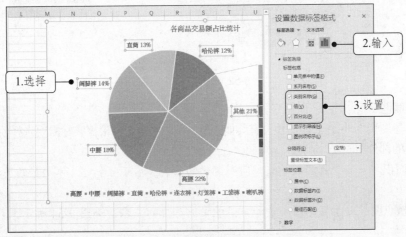

图 9-50 | 设置数据标签格式

（7）继续设置数据标签的数据类型，在"数字"栏的"类别"下拉列表框中选择"百分比"选项，将小数位数设置为"1"，如图 9-51 所示。

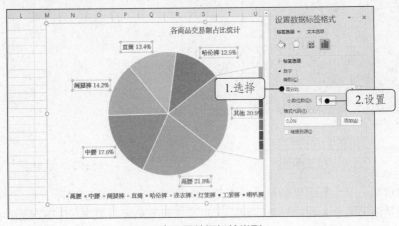

图 9-51 | 设置数据标签类型

（8）删除图例，然后将图表移至表格中合适的位置即可，如图 9-52 所示（配套资源：效果\第 9 章\复合饼图.xlsx）。

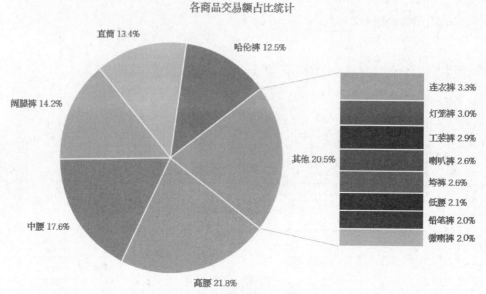

图 9-52｜删除图例并移动图表

5. 其他

除上述图表以外，Excel 还预设有其他大量的图表类型，可根据实际需要选择使用。下面简要介绍其中的部分图表。

- **面积图**｜用于强调数量随时间而变化的情况，也可用于对总体趋势的关注，如图 9-53 所示。
- **散点图**｜用于显示因变量和自变量之间存在的关系，如图 9-54 所示。

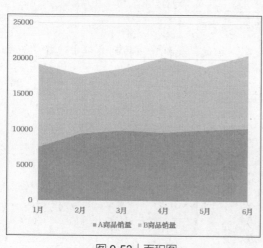

图 9-53｜面积图

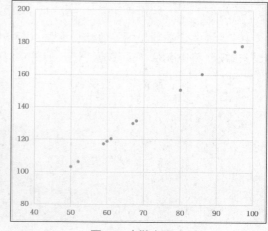

图 9-54｜散点图

- **股价图**｜用于显示现象的波动趋势，如股价波动、气温波动等，如图 9-55 所示。
- **雷达图**｜用于多指标的分布组合，以显示现象的整体状况，如图 9-56 所示。

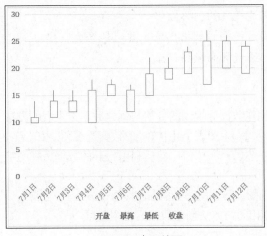

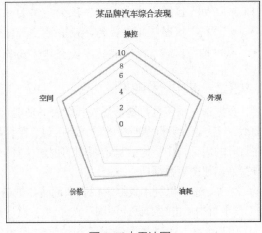

图 9-55 | 股价图

图 9-56 | 雷达图

9.3　数据透视表与透视图

当需要对相同的数据作不同的分析时，反复创建统计表或统计图会降低工作效率，此时便可利用数据透视表和数据透视图实现表格或图表与数据的交互使用，即通过改变不同的布局，得到不同的统计表和统计图，达到在一个表或一个图中分析各种不同结果的目的。

9.3.1　数据透视表

在 Excel 中创建数据透视表的方法为：选择数据源所在的单元格区域，在【插入】→【表格】组中单击"数据透视表"按钮，打开"创建数据透视表"对话框，在其中指定数据透视表的放置位置，如新工作表或现有工作表的某个单元格，然后单击 确定 按钮即可。此时将自动打开数据透视表字段窗格，我们利用该窗格即可对数据透视表进行分析，如图 9-57 所示。

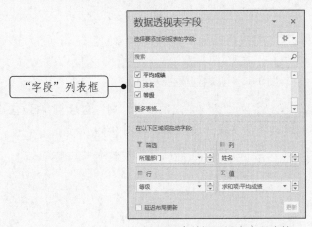

图 9-57 | 数据透视表字段窗格

● **"字段"列表框** | 该列表框中的字段复选框对应的是数据源中的各项目数据。拖曳字段复选框至下方的区域，可创建数据透视表的内容。

● **"筛选"区域** | 此区域的字段会建立为筛选条件，可通过筛选数据透视表来创建符合条件的内容。

- **"列"区域**⎢此区域的字段会建立为数据透视表的项目数据。
- **"行"区域**⎢此区域的字段会建立为数据透视表的数据记录（首列数据）。
- **"值"区域**⎢此区域的字段会建立为数据透视表的数据记录。

▌9.3.2 数据透视图

数据透视图兼具数据透视表和图表的功能，创建数据透视图的方法与创建数据透视表的方法类似，只需选择数据源所在的单元格区域，在【插入】→【图表】组中单击"数据透视图"按钮 ，在打开的对话框中指定数据透视图的创建位置，单击 确定 按钮，然后利用打开的数据透视图字段窗格创建图表数据即可。

另外，也可以利用数据透视表来创建数据透视图，其方法为：在【数据透视表工具 分析】→【工具】组中单击"数据透视图"按钮 ，然后按相同的方法创建数据透视图即可。

【实验室】通过数据透视表和数据透视图分析员工工资

下面利用已有的工资表数据创建数据透视表和数据透视图，查看不同级别员工的实发工资、工时工资、工资合计，以及实发工资排名前8位的数据，其具体操作如下所示。

通过数据透视表和数据透视图分析员工工资

（1）打开"透视分析.xlsx"工作簿（配套资源：素材\第 9 章\透视分析.xlsx），选择 A1:P21 单元格区域，在【插入】→【表格】组中单击"数据透视表"按钮 ，打开"创建数据透视表"对话框，选中"新工作表"单选项，单击 确定 按钮，如图 9-58 所示。

图 9-58｜创建数据透视表

（2）依次将"级别""姓名"和"实发工资"字段拖曳到"列"区域、"行"区域和"值"区域中，此时可查看各员工不同级别下的实发工资数据，如图 9-59 所示。

图 9-59｜添加字段

（3）将"值"区域中的"实发工资"字段拖曳到数据透视表字段窗格以外删除，重新在其中添加"工时工资"字段，此时数据透视表中将同步显示各员工不同级别下的工时工资数据，如图 9-60 所示。

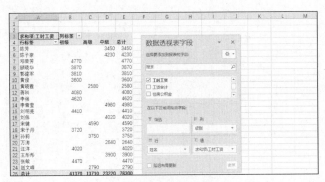

图 9-60 | 调整字段

（4）继续将"值"区域中的"工时工资"字段调整为"工资合计"字段，单击该字段下拉按钮，在弹出的下拉列表中选择"值字段设置"命令，如图 9-61 所示。

图 9-61 | 设置字段

（5）打开"值字段设置"对话框，在"计算类型"列表框中选择"平均值"选项，单击 确定 按钮，此时数据透视表将显示每位员工的工资合计数据，并将统计出不同级别的员工工资合计的平均值，如图 9-62 所示。

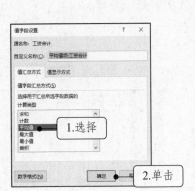

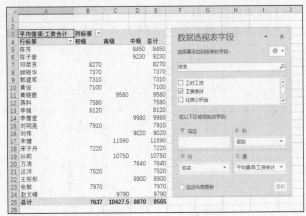

图 9-62 | 设置汇总方式

（6）在【数据透视表工具 分析】→【工具】组中单击"数据透视图"按钮，在打开的对话框中直接单击 确定 按钮，根据现有数据透视表的数据创建数据透视图，将数据透视图字段中"值"区域的字段调整为"实发工资"，如图9-63所示。

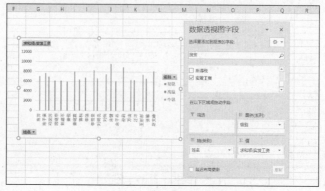

图 9-63｜创建数据透视图

（7）单击数据透视图上的"姓名"字段下拉按钮，在弹出的下拉列表中选择【值筛选】→【前10项】命令，打开"前10个筛选（姓名）"对话框，将数值修改为"8"，单击 确定 按钮，如图9-64所示。

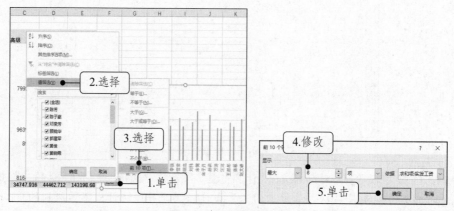

图 9-64｜设置筛选条件

（8）适当调整数据透视图的大小、位置和字体格式，此时数据透视图中将显示实发工资排名前8的员工数据，如图9-65所示（配套资源：效果\第9章\透视分析.xlsx）。

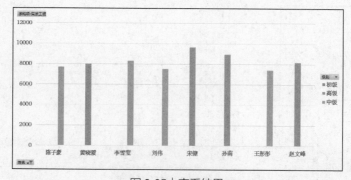

图 9-65｜查看结果

9.4 课堂实训——网店访客数可视化展现

本章介绍了将数据分析进行可视化展现的方法，主要涉及统计表与统计图的应用。下面将在 Excel 中利用多种图表来展现网店访客数的情况，让读者通过练习进一步巩固所学的相关知识。

9.4.1 实训目标及思路

某网店采集了旗下热门商品一周的访客数数据，下面需要利用柱形图、折线图和饼图来展现商品的访客数情况，具体操作思路如图 9-66 所示。

图 9-66｜可视化展现操作思路

9.4.2 操作方法

本实训的具体操作如下所示。

（1）打开"可视化展现.xlsx"工作簿（配套资源：素材\第 9 章\可视化展现.xlsx），选择 B1:I2 单元格区域，按住【Ctrl】键加选 B10:I10 单元格区域，在【插入】/【图表】组中单击"柱形图"下拉按钮 ，在弹出的下拉列表中选择第 1 种图表类型，如图 9-67 所示。

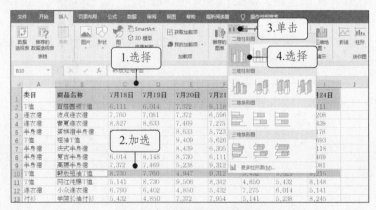

图 9-67｜选择数据并创建图表

（2）选择图表中的标题文本，重新将内容修改为"访客数对比"，然后在【图表工具 设计】/【图表样式】组的"样式"下拉列表框中选择"样式 10"选项，然后将字体格式设置为"方正兰亭刊宋简体、12、加粗"，并适当调整图表大小，如图 9-68 所示。

（3）在【图表工具 设计】/【图表布局】组中单击"添加图表元素"下拉按钮 ，在弹出的下拉列表中选择【数据标签】/【数据标签外】选项，效果如图 9-69 所示。通过对比可以发现，韩版短袖 T 恤（相对位置靠右的数据系列）一周的访客数总体上要高于百搭圆领 T 恤，但其访客数在 7 月 20 日和 22 日有严重下滑，相反，百搭圆领 T 恤虽然较韩版短袖 T 恤的访客数更低，但总体来看呈稳中有升的变化趋势。

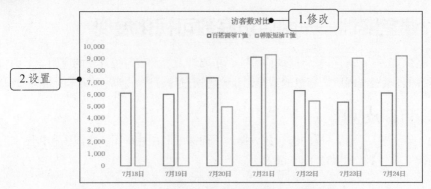

图 9-68 | 修改图表标题并设置图表样式

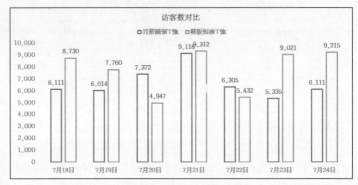

图 9-69 | 添加数据标签

（4）选择 B1:I1 单元格区域，按住【Ctrl】键加选 B7:I7 单元格区域，在【插入】/【图表】组中单击"折线图"下拉按钮 ，在弹出的下拉列表中选择第 1 种图表类型，将图表标题修改为"法式半身裙访客数一周走势"，并为图表应用"样式 11"图表样式，按相同方法设置字体格式，并调整图表大小，如图 9-70 所示。

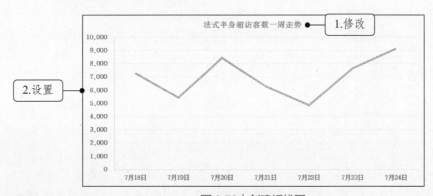

图 9-70 | 创建折线图

（5）为数据系列添加数据标签，位置位于数据点右侧，如图 9-71 所示。由折线图可见法式半身裙一周内访客数最高峰为 7 月 24 日的 9118 位访客，最低谷为 7 月 22 日的 4850 位访客。虽然访客数增减变化较为明显，但整体呈上升趋势，说明商品越来越受到消费者的关注。

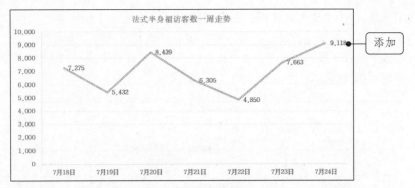

图 9-71 | 添加数据标签

（6）在 J1 单元格中输入"汇总"，选择 J2:J15 单元格区域，在编辑栏中输入"=SUM(C2:I2)"，对 C2:I2 单元格区域中的数据进行求和，按【Ctrl+Enter】组合键返回所有商品一周内的访客数总和，如图 9-72 所示。

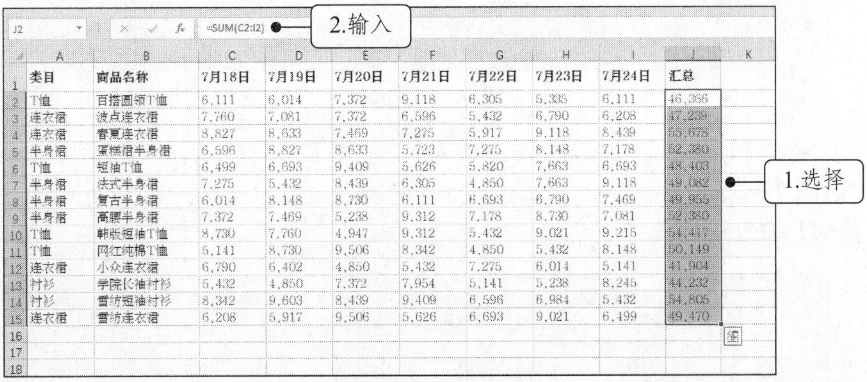

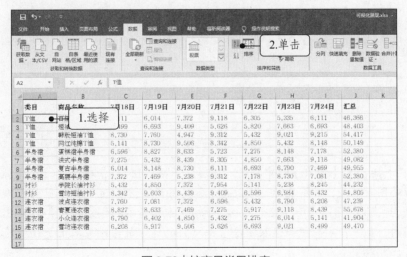

图 9-72 | 汇总各商品访客数

（7）选择"类目"项目下任意单元格，如 A2 单元格，在【数据】/【排序和筛选】组中单击"升序"按钮，将数据按类目排序，如图 9-73 所示。

图 9-73 | 按商品类目排序

（8）选择 A1:J15 单元格区域，在【数据】/【分级显示】组中单击"分类汇总"按钮 ，打开"分类汇总"对话框，在"分类字段"下拉列表框中选择"类目"选项，在"汇总方式"下拉列表框中选择"求和"选项，在"选定汇总项"列表框中选中"汇总"复选框，单击 确定 按钮，如图 9-74 所示。

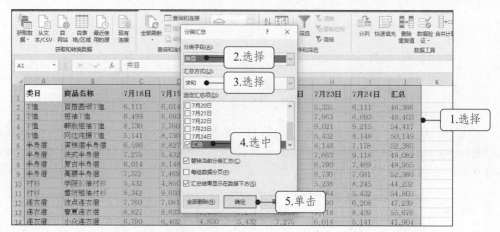

图 9-74｜分类汇总数据

（9）按住【Ctrl】键，同时依次选择 A6、J6、A11、J11、A14、J14、A19 和 J19 单元格，按【Ctrl+C】组合键复制。然后选择 A22 单元格为目标单元格，按【Ctrl+V】组合键粘贴汇总的数据，如图 9-75 所示。

	类目	商品名称	7月18日	7月19日	7月20日	7月21日	7月22日	7月23日	7月24日	汇总	
2	T恤	百搭圆领T恤	6,111	6,014	7,372	9,118	6,305	5,335	6,111	46,366	
3	T恤	短袖T恤	6,499	6,693	9,409	5,626	5,820	7,663	6,693	48,403	
4	T恤	韩版短袖T恤	8,730	7,760	4,947	9,312	5,432	9,021	9,215	54,417	
5	T恤	网红纯棉T恤	5,141	8,730	9,506	8,342	4,850	5,432	8,148	50,149	
6	T恤 汇总									199,335	
7	半身裙	蛋糕摆半身裙	6,596	8,827	8,633	5,723	7,275	8,148	7,178	52,380	
8	半身裙	法式半身裙	7,275	5,432	8,439	6,305	4,850	7,663	9,118	49,082	
9	半身裙	复古半身裙	6,014	8,148	8,730	6,111	6,693	6,790	7,469	49,955	
10	半身裙	高腰半身裙	7,372	7,469	5,238	9,312	7,178	8,730	7,081	52,380	
11	半身裙 汇总									203,797	
12	衬衫	学院长袖衬衫	5,432	4,850	7,372	7,954	5,141	5,238	8,245	44,232	
13	衬衫	雪纺短袖衬衫	8,342	9,603	8,439	9,409	6,596	6,984	5,432	54,805	
14	衬衫 汇总									99,037	
15	连衣裙	波点连衣裙	7,760	7,081	7,372	6,596	5,432	6,790	6,208	47,239	
16	连衣裙	春夏连衣裙	8,827	8,633	7,469	7,275	5,432	9,118	8,439	55,678	
17	连衣裙	小众连衣裙	6,790	6,402	4,850	5,432	7,275	6,014	5,141	41,904	
18	连衣裙	雪纺连衣裙	6,208	5,917	9,506	5,626	6,693	9,021	6,499	49,470	
19	连衣裙 汇总									######	
20	总计									######	
21											
22	T恤 汇总	199,335									
23	半身裙 汇总	203,797									
24	衬衫 汇总	99,037									
25	连衣裙 汇总	194,291									

图 9-75｜复制粘贴数据

（10）在【插入】/【图表】组中单击"饼图"下拉按钮 ，在弹出的下拉列表中选择三维饼图对应的图表类型，将图表标题修改为"各类目商品访客数占比"，并为图表应用"样式3"图表样式，适当调整图表的大小，如图 9-76 所示（配套资源：效果\第 9 章\可视化展现.xlsx）。可见在一周内，T恤、半身裙和连衣裙这 3 个类目的访客数占比基本上是相同的，衬衫类目的访客数占比相对较低。

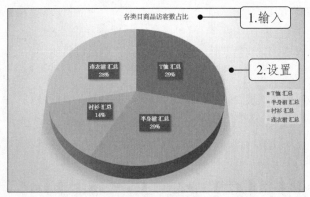

图 9-76 | 创建饼图

 # 9.5　课后练习

（1）统计表按组织形式不同，可以分为哪些类型？

（2）不同类型的图表，其构成是相同的吗？简述二维柱形图有哪些组成部分。

（3）简述柱形图、条形图、折线图和饼图的特点，分别适合哪些应用场景。

（4）既然可以使用统计表和统计图来展现数据，为什么还要使用数据透视表和数据透视图呢？

（5）利用采集到的图 9-77 所示的会员数据（配套资源：素材\第 9 章\会员分析.xlsx），对会员的年龄和地域情况进行可视化展现，要求展现出不同年龄的会员占比，以及不同地域的会员数量对比情况（配套资源：效果\第 9 章\会员分析.xlsx）。

会员级别	性别	年龄	地区/城市	交易总额(元)
一级会员	女	22	合肥	8,011
普通会员	女	30	武汉	2,670
普通会员	女	38	广州	8,239
普通会员	女	25	北京	5,341
普通会员	男	28	上海	6,189
普通会员	女	27	苏州	8,239
二级会员	女	27	青岛	8,011
普通会员	女	41	合肥	6,189
普通会员	女	25	成都	2,670
普通会员	女	30	贵州	8,011
普通会员	女	23	深圳	8,239
普通会员	女	41	杭州	8,077
普通会员	女	28	杭州	4,119
二级会员	男	30	北京	2,049
一级会员	女	45	上海	8,239
普通会员	女	25	深圳	8,011
普通会员	女	41	苏州	2,670
普通会员	女	27	广州	8,158
二级会员	女	28	上海	2,670
一级会员	女	25	上海	2,670
普通会员	女	23	北京	8,011
普通会员	女	25	广州	8,239
普通会员	女	30	深圳	8,239
二级会员	女	25	杭州	2,670
普通会员	女	33	上海	4,119
一级会员	女	30	成都	7,618
普通会员	女	33	北京	2,670
普通会员	女	23	南京	4,119
一级会员	女	23	杭州	2,670
二级会员	女	23	北京	8,239
普通会员	女	22	北京	4,119
二级会员	男	22	成都	8,239
普通会员	女	22	合肥	6,189
一级会员	女	27	上海	4,119
普通会员	女	33	广州	8,011
普通会员	女	26	深圳	4,039
普通会员	女	28	成都	2,670
二级会员	男	28	北京	6,189
普通会员	女	41	杭州	21,818
普通会员	女	30	深圳	4,099
一级会员	男	30	成都	8,239
普通会员	女	22	深圳	8,239
普通会员	女	33	上海	2,670
普通会员	女	33	上海	8,239
普通会员	男	28	北京	2,670
二级会员	女	22	杭州	8,239
普通会员	男	21	广州	2,049
普通会员	女	21	上海	8,239

图 9-77 | 会员数据

第**10**章

编制数据分析报告

【学习目标】

➢ 了解数据分析报告的作用
➢ 了解数据分析报告的编制原则
➢ 了解数据分析报告的组成结构
➢ 了解数据分析报告的编制方法

在实际工作中，有时为了将数据统计与分析的结果交付给相关人员，以供其了解分析的结果，并制订出合理的方案和策略，往往会在完成数据分析工作后制作出数据分析报告。本章将简要介绍数据分析报告的基础知识和编制方法，读者可通过学习掌握其编制要点和方法。

10.1 认识数据分析报告

要想编制出一份高质量，且能够真正起到作用的数据分析报告，首先应该对报告的作用、结构和编制原则等内容有所了解。

10.1.1 数据分析报告的作用

数据分析报告的作用主要体现在解决问题、优化业务、发现机会和创造价值4个方面。

* **解决问题**｜即通过数据分析的结果找到各种存在的问题，并加以解决。例如，企业利润逐年下降，经数据分析揭示出成本存在不合理增加，特别是人工成本大幅度增加的现象，这样就可以找到成本增加的根本原因，从而重新对人力资源管理进行调整，如制定新的薪酬管理制度来解决人工成本大幅增加的问题。

* **优化业务**｜即通过数据分析得出的结果和结论，找到改进和优化业务的方法。例如，通过对营销推广数据的分析，发现广告投放以及内部广告资源分配可以做到更加精准的投放，提高投放效率；通过对广告引流量的数据分析，可以更好地进行资源分配，提升用户留存率等。

* **发现机会**｜即利用数据分析的结果发现盲点，进而发现新的业务机会。例如，企业主营产品为女装，但通过数据分析发现男装的部分产品销量呈急剧上升的势头，那么企业未来一段时间就可以重点开发男装业务。

* **创造价值**｜即通过数据分析将数据价值直接转化为经济效益。例如，某些大型互联网

企业就利用其拥有广泛用户数据的基础上，成立与征信业务相关的关联企业，然后利用这些征信关联企业衍生出相关业务，将企业业务扩展到租车、租房等新的领域，创造出更大的价值。

10.1.2　数据分析报告的编制原则

编制数据分析报告，不能盲目地追求视觉上的美观，而应该遵循以下 3 个原则。

1. 真实性

真实性是对数据分析报告的根本要求。反映在内容上，就是要求数据来源真实，提供的信息必须客观准确，与实际情况没有出入，绝不允许任意编造、弄虚作假；反映在结果上，则是要求采用的数据分析方法合理，计算过程正确，得到的分析结果准确无误。

2. 专业性

数据分析报告反映的是所分析对象的各种情况，传递的是分析的各种结果和信息，这要求数据分析报告应当具备较强的专业性。

* **内容的专业性**｜指采取的数据计算、分析方法必须专业，建立的各种数学模型必须行之有效。

* **语言表述的专业性**｜数据分析报告结合了许多统计学的原理和方法，可能使用较多的专业术语和数据指标，这些内容如果需要使用，则必须遵从行业要求的描述，并做到前后统一，以体现报告的专业性。

* **人员的专业性**｜分析数据和编制报告的人员应该具备相关的专业知识，能够充分运用所学的专业技术来完成数据的采集、整理、计算、分析，以及报告的编制等工作，这样才能进一步保证内容的专业性和语言表述的专业性。

3. 用性

数据分析报告的作用是为决策者提供数据支持，因此必须保证报告内容的实用性。如果报告内容过于专业化，充斥大量的理论描述、数学模型和计算公式，报告的使用者则很难甚至无法阅读。因此编制数据分析报告时，应将重点放在结果方面，提供能够支撑结果的内容，并将分析过程和结果描述得通俗易懂，才能更好地发挥报告的作用。

10.1.3　数据分析报告的结构

数据分析报告的结构并非固定不变的，其内容应根据实际需求来确定。一般而言，其组成结构可以包括目录、前言、正文、附录等部分，正文则是其中最主要的组成对象，它一般包括概述、数据采集、数据分析和结论 4 个部分。

* **概述**｜概述是数据分析报告中首先需要说明的内容，它需要说明本次数据分析的背景、原因、目的等内容，如企业经营的现状、市场的大体环境、企业面临的问题、领导层的要求等，并说明数据分析过程中用到的主要指标、分析方法、数学模型等，让报告使用者对本次数据分析有全面的认识。

* **数据采集**｜主要需要说明数据采集的渠道、程序、方法和内容，这一部分能够证明数据采集的真实性和准确性，可以从侧面说明此数据分析报告的真实性和专业性。大部分企业内使用的数据分析报告并不会说明数据采集的情况，或仅仅用较为简短的内容进行介绍，如"以上数据来源于人力资源部"。

* **数据分析**｜这部分内容是数据分析报告的核心，需要将整个分析过程充分展示出来，让使用者可以直观地了解本次数据分析的方法和过程。部分报告可能会涉及分析方法、指标

和数学模型的介绍与说明，但绝大多数的数据分析报告更加注重数据结果，因此理论知识应尽量简化或描述得清晰易懂。

- **结论**｜主要是对分析内容的总结，同时可以根据分析结果提出合理的意见和建议，供决策层参考。

10.2 企业人力资源数据分析报告解析

企业人力资源数据分析报告可以对企业员工招聘、培训、人员结构和薪酬等各个方面进行分析，为企业提供详细的人力资源数据情况。下文为某制造企业 2020 年上半年的人力资源数据分析报告，该报告重点分析了企业人力资源的现状、员工结构、定岗定员等情况，并提出了大量有建设性的建议，全文如下所示。

企业 2020 年上半年人力资源数据分析报告

目前，企业已经将人力资源管理上升到战略层面予以考虑。为配合企业的决策，现将企业 2020 年上半年的人力资源数据分析报告提供如下，以供企业领导决策时参考。

（解析：这段文字说明了编制此人力资源数据分析报告的背景、原因和目的。）

一、人力资源现状分析

1. 员工比率分析

员工比率是人力资源分析中一个非常重要的数据，它检测员工结构状况，反映的是非生产人员与生产人员的比值。这个比率越小，说明直接产生生产效益的人员越多，同时也说明管理成本下降。

降低员工比率有以下 3 种方式：

- **非生产人员不变，增加生产人员**｜这说明业务在增加，企业在发展；
- **生产人员不变动，减少非生产人员**｜这说明非生产人员的能力在提高，另一方面也可能说明企业业务在萎缩；
- **减少非生产人员，增加生产人员**｜这说明企业一方面管理能力在增强，管理水平在提高，同时也说明企业的业务在增长。

（1）2019 年 12 月底企业员工总人数为 286 人，其中非生产人员 150 人，生产人员 136 人。

员工比率=非生产人员÷生产人员×100%=150÷136×100%≈110.3%

（2）2020 年 6 月底员工总人数为 304 人，其中非生产人员 162 人，生产人员 142 人。

员工比率=非生产人员÷生产人员×100%=162÷142×100%≈114.1%

（解析：此处说明了员工比率指标的作用、判断方法，以及改善指标的方法，在此基础上以企业员工人数为基础，对企业的员工比率进行了计算，不仅可以让报告使用者理解数据分析的方法，而且使数据分析的结果更具说服力。后文中员工招聘离职分析、员工增加率分析等均采用这类写法。）

2. 员工招聘离职分析

招聘率=招聘人数÷员工总数×100%

离职率=离职人数÷员工总数×100%

招聘离职比率=招聘率÷离职率

（1）2020 年 1 月—6 月底招聘总人数为 24 人，招聘率=24÷304×100%≈7.9%；

（2）2020 年 1 月—6 月底离职总人数为 6 人，离职率=6÷304×100%≈2.0%；

（3）招聘离职比率=7.9%÷2.0%≈3.95。

3. 员工增加率分析

员工增加率=（当期企业员工总人数−上一年年末员工总人数）÷上一年年末员工总人数×100%

员工净增长率=（当期员工人数−当期离职人数）÷年初数×100%

员工流动率=当期离职人数÷[（期初员工数+期末员工数）÷2]×100%

（1）2020 年上半年员工增加率=(304−286)÷286×100%≈6.3%；

（2）2020 年上半年员工净增长率=(304−6)÷286×100%≈104.2%；

（3）2020 年上半年员工流动率=6÷[(286+304)÷2]×100%≈2.0%。

4. 人力资源现状总结

从员工比率来看，非生产人员与生产人员都有所增加，2020 年 6 月员工比率比 1 月员工比率增加了 3.8 个百分点，说明企业的管理成本有所增长，成本管理意识还有待提高；从离职率看，员工的稳定性较好，2020 年上半年的离职率为 2.0%，说明企业在员工稳定方面所做的工作有所成效；从招聘离职比率来看，该比率接近于 4，说明离职员工对企业的生产制造有较大影响；从员工增加率来看，员工增加率达到 6.3%，说明了企业在发展壮大但速度比较慢，属于稳定型企业，企业处于成长期，企业各方面的管理工作有待大力加强。

（解析：此处针对数据分析出的员工比率、离职率、招聘离职比率、员工增加率等的结果进行了总结说明，有理有据，能够很好地辅助管理层制定或调整人力资源管理的方针。）

二、员工结构分析

1. 员工人数分析

截至 2020 年 6 月底，企业员工总人数为 304 人。

（1）非生产人员 162 人。其中管理人员 38 人、销售人员 82 人、设计人员 42 人。

（2）生产人员 142 人。

2. 员工年龄结构分析

企业所有员工的年龄及人数分布如表 10-1 所示，具体年龄结构分布占比如图 10-1 所示。

表 10-1　员工年龄分布

年龄段	21 岁以下	21～31 岁	32～41 岁	42～51 岁	51 岁以上
人数	42	88	116	46	12

通过图 10-1 可知，21～31 岁这一年龄阶层的员工占企业总人数的 29%，32～41 岁这一年龄层的员工占总人数的 38%，年龄在 42～51 岁的员工占总人数的 15%，而 21 岁以下和 51 岁以上的员工共占 18%。其中，21～51 岁这一年龄层的员工人数占企业总人数的 82%，说明企业年龄结构较为合理，稳定而充满活力。另外，32～51 岁这一年龄层的员工人数占企业总人数的 53%，这部分人处于较高层次，社交、尊重和自我实现需要的需求比较强烈，稳定这部分人有助于企业的发展壮大。企业应该争取为他们提供良好的工作和生活环境，给他们足够的尊重、理解和支持。

21～31 岁这一年龄阶段的人占企业总人数的

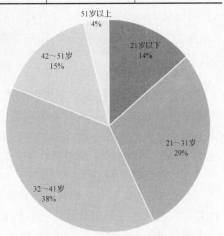

图 10-1 | 员工年龄分布占比

29%，这一年龄阶段的员工较有活力，精力充沛、思维活跃，敢于不断地创新和尝试新鲜的事物，且学习和接受能力较强。同时，这部分员工还处于人生的摸索阶段，容易受外部环境的诱惑，相对较不稳定，企业需要通过极具竞争力的薪酬体系、良好的晋升机制等措施来吸引和留住他们，给予相对宽松的工作环境，发挥其创造性，建立良好的培训机制，使其能够获得更多的学习机会和空间，让他们感觉到企业对其能力和素质的重视。

（解析：员工结构分析利用了统计表和统计图，将数据简单明了地呈现在报告使用者面前，并对统计结果作了分析总结，使管理层能够对企业的员工数量和年龄结构了如指掌，从而可以更有针对性地进行人员调整。下文的员工学历分析也是采用的这种处理方法。）

3. 员工学历分析

员工学历指标主要涉及小学，高中（包括职高、中专和中技），大学（包括大专和本科）和硕士。企业员工学历分布情况如表10-2所示，具体学历分布占比如图10-2所示。

表10-2　员工学历分布

学历	小学	高中	大学	硕士
人数	12	48	226	18

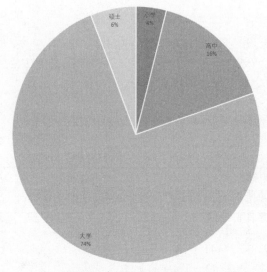

图10-2｜员工学历分布占比

由图10-2可知，高中学历占总人数的16%，大学及以上学历的人员占总人数的80%，这说明企业关键性、技术含量高的岗位人员素质是相对较高的，这种状况有利于企业又好又快发展。生产车间的一线员工中，基本上都是高中或大学学历，80%以上的人员都持有各种技能等级证，这能够保证企业在生产环节上的人员和技术需求。

三、定岗定员分析

企业在2020年1月开始实行"基本薪酬+绩效工资"的制度，在新的分配制度下对企业的定员编制也进行了重新核定。企业依据2020年生产经营状况，对定员情况进行了一定程度的调整。现对企业定员编制进行评价分析。

1. 企业定员分布及现有员工的分布情况

企业2020年6月底各部门和岗位的定员与在岗情况如表10-3所示。

表 10-3　企业员工定员与在岗分布情况

序号	部门	定员	在岗	幅度
1	厂部办公室	14	14	0%
2	企管办	12	12	0%
3	仓库	18	18	0%
4	质检部	12	12	0%
5	计划部	16	14	14.30%
6	生产部	68	68	0%
7	工艺部	48	48	0%
8	财务部	8	8	0%
9	销售部	60	60	0%
10	设计部	22	20	10.00%
11	售后服务部	14	12	17%
12	供应部	6	6	0%
13	保安	6	6	0%

由上表可知，企业在定员编制实施过程中没有出现超定员用工现象，所有指标均在控制范围之内，说明企业在人员控制方面的监控较为有效。

2. 企业定员与在岗人数合理性评价

由于生产操作人员是企业效益的直接创造者，在人员合理性分析过程中以此为基数才具有科学性和可比性。目前，从实际在岗人数方面进行分析，管理类、技术类、辅助服务类、生产操作类（以实际在岗人数为准）的比例为 3：5：2：10，即 10 个生产工人所产生的价值要支撑 2 个辅助服务人员、5 个技术人员、3 个管理人员。这个比例与企业的定岗定员的比例基本上是一致的，也与现代企业管理制度对企业定员的要求基本相符。

根据企业目前的业务情况，如果要扩大生产规模，可以按照这个比例进行相应的人才储备。但实际情况是，企业目前基本上没有人才储备计划，后备人才严重不足，一些关键性岗位一旦出现人才流失，如不能及时地进行人员补充，所造成的损失将会非常明显，这一点需要引起足够的重视。

四、加强企业人力资源管理的相关建议

根据对以上数据的分析和对企业人力资源现状的了解，针对企业人力资源管理中所发现的一些问题，我们提出以下几点建议供企业参考。

（1）人力资源管理不只是企业人力资源部门的事，上至董事长、总经理，下到每个主管及员工，都应该主动承担人力资源管理责任。同时，由于人力资源管理是一项全局性工作，其各项职责如招聘管理、绩效考核、薪酬管理、培训规划等都需要各主管的配合和直接参与，因此企业管理者应努力成为人力资源管理专家，才能更好地完成人力资源管理的工作。另外，各级管理者应承担下属的辅导培养、企业文化建设等职责，员工也应该负起自我管理的责任。最后，做好人力资源管理，更重要的还是需要企业管理层引起重视，通过亲自推动来建立起从上至下的人力资源管理体系，这样才能够真正建立一套行之有效的管理制度，最终为企业的发展壮大提供源源不断的人才力量。

（2）从专业技术人员离职的问题来看，人事部门对已经办理离职和正在办理离职手续的员工都进行了沟通和交流，除个人原因离职的现象以外，技术部门的离职人员普遍反映了以下问题，导致其下定决心提出离职申请。①设计人员之间缺乏沟通和交流，无法对设计过程中存在的问题进行有效解决；②老员工对新员工缺少辅导和帮助，新员工在进行设计时纯粹靠自身掌握的技能来工作；③项目设计没有统一性和规划性，某些项目设计完毕，没有组织过一次协调会议；④企业的图纸标准化工作基础太薄弱，新进员工进厂后绝大部分设备的设计都要重新开始，没有可供借鉴的资料；⑤整个团队精神面貌较差，没有活力。若要解决以上问题，企业管理层在日常的管理工作中需要持之以恒地对此类问题予以关注、重视，采取有效的措施加以改善。

（3）招聘人才的天平应向无资历有潜力的新手倾斜，虽然工作经验是应聘者宝贵的财富，但企业受自身各方面因素所限，不足以吸引更多富有工作经验的高质量人才。即便这样的人才来到企业工作，也未必能呆得长久，反而容易造成企业人力资源的不稳定。实际上，与工作经验相比，员工的工作方式、工作态度，尤其是发展潜力等因素，对企业来讲是更为重要的。就企业而言，只要不是应急性人才，并有足够的时间培训，应鼓励招收虽没有资历但有发展后劲与潜力的新手，通过系统地培训其知识技能、工作方式与工作态度，以及对企业文化的认同、对企业的归属感等，使其成为企业的可用之才。

（4）对人才的管理不仅是让他为企业创造财富，同时也要让他寻找到最适合的岗位，才能最大限度地发挥其自身潜能，体现其个人价值，实现其全面发展。企业获取人才的途径一般有两种：即外部挖掘和内部培养。外部挖掘的优点是能够保证企业及时获取所需要的人才，为企业带来活力，其缺点是成本相对较高，不利于调动企业内部人员的积极性，不利于企业内部人力资源的稳定；内部培养的优点是对员工有着一定的激励作用，所培训和提拔的员工对企业比较熟悉，管理成本相对较低，其缺点在于培训周期往往很长、成才率不高以及容易出现拉帮结派的不良后果等。针对企业目前的现状，比较现实的选择应该定位在内部培养上，这种内部培养的内涵是广义的，不仅仅是专业知识、技能的培养，而且应该特别重视员工对企业的归属感的培养，这样才有助于提高人才对企业的适应性和企业人力资源的稳定性。因此，企业应从企业文化建设、员工职业生涯发展设计、内部晋升、情感管理等方面开展。只有注重加强这方面的学习和研究，才能真正以最低的成本和最可行的途径为企业的人才库不断输入新鲜血液。

（5）情感管理是企业文化管理的主要内容，其核心是激发员工的正向情感，消除员工的消极情绪，通过情感的双向交流和沟通来实现有效的管理，这种情感力量，是一种内在的自律性因素，它可以深入到员工的内心世界，有效地规范和引导员工的行为，使员工乐于工作，产生"士为知己者死"的心理效应。就企业而言，如果能使员工切身体会到一种归属感和责任感，员工才会心甘情愿地为企业繁荣贡献智慧和才华。因此，建议企业管理层应该多关心员工及其家人，多与员工沟通以了解其困难，多说些鼓励的话给员工。企业管理层在关注业务和日常管理的同时也应深入员工内部，通过不同方式询问和了解各个层面的员工对工作、对企业、对同事、对上级的看法，倾听他们的心声。

（6）2019年下半年离职的生产一线员工中，包括几名技能水平比较熟练的员工，他们离职时，对企业目前采取的工程项目结算方法提出了一些意见：①工程项目完工后结算不及时，拖延时间太长，某些项目时间跨度甚至达到3年之久；②企业对安装队长负责的项目安排不合理，往往一个项目还没有全部完工，安装队长又接到新的任务，这也是造成工程项目无法按时结算的主要原因；③安装项目上的住宿费、餐费等补助费用支出使用不透明，某些安装队长素质低下，侵吞、私分住宿费和餐费的现象时有发生。虽然这些员工的离职原因还有别的因素，但是安装项目结算出现的种种问题也是促使他们离开企业的一个重要原因。希望企业管理层能够对这个问题予以高度重视，并采取相应措施予以解决。

【范文点评】该人力资源数据分析报告的内容比较简单，但也体现了数据分析报告的一般写作思路和方法。全文主要从现状的角度出发，对企业当前的员工人数、年龄和学历结构等进行了分析，另外还简要说明了企业定员在岗的情况。总体来讲，该人力资源数据分析报告的内容有些单薄，可以对企业招聘、培训和薪酬等管理环节的内容有所提及。但对于分析报告中的总结内容而言，这篇报告做得较为到位，提出了大量有针对性和建设性的建议，为企业管理层提供了非常充分的数据和理论支撑，为后期决策指出了调整方向，这一点值得学习和借鉴。

10.3　课堂实训——编制销售数据分析报告

销售数据分析是企业经营数据分析中非常重要的环节之一，它可以为企业制订营销方案、调整销售策略等提供有力的数据支持。本次实训以某电热水器企业对 2018—2020 年的销售数据进行分析为例，掌握数据分析报告的更多编制思路和方法。

10.3.1　实训目标及思路

该企业采集了近 3 年的销售数据，可以着手对每 1 年的销售情况进行分析，逐年对比，最后将 3 年数据汇总，进行总体分析，具体操作思路如图 10-3 所示。

图 10-3 | 销售数据分析报告操作思路

10.3.2　编制方法

由于篇幅有限，这里仅给出销售数据分析报告的要点，详细内容请参考本书提供的"销售数据分析报告.docx"文档（配套资源：效果\第 10 章\销售数据分析报告.docx）。

企业电热水器销售数据分析报告（2018—2020 年）

一、电热水器年度销售情况

1. 2018 年度销售情况分析

企业 2018 年度全年合计销售电热水器 28661 台，销售总金额 32898926.28 元，均价为 1147 元，下面对销量、产品均价、产品容积段和热销产品等进行分析。

（1）销量分析

利用饼图分析各办事处销量情况占比情况，具体内容略。

（2）产品均价分析

利用柱形图分析各办事处产品销售均价对比情况，具体内容略。

（3）产品容积段分析

利用统计表分析各办事处各容积段产品的销量，具体内容略。

（4）热销产品分析

利用统计表分析各办事处销量排在前 5 位的产品的销售数据，具体内容略。

2. 2019 年度销售情况分析

（1）销量分析

（2）产品均价分析

（3）产品容积段分析

（4）热销产品分析

3. 2020 年度销售情况分析

（1）销量分析

（2）产品均价分析

（3）产品容积段分析

（4）热销产品分析

二、电热水器销售贡献率分析

1. 销量贡献率分析

利用统计表分析近 3 年各办事处销量靠前的各型号产品的销量贡献率，计算公式如下所示。

销量贡献率 = 该型号产品 3 年的销量 ÷ 企业 3 年所有产品的总销量 × 100%

2. 销售额贡献率分析

利用统计表分析近 3 年各办事处销售额靠前的各型号产品的销售额贡献率，计算公式如下所示。

销售额贡献率 = 该型号产品 3 年的销售额 ÷ 企业 3 年所有产品的总销售额 × 100%

三、电热水器历年销售整体数据综合分析

1. 历年销量整体情况分析

利用折线图分析 2018—2020 年这 3 年期间，企业每个月产品的销量变化情况，如图 10-4 所示。

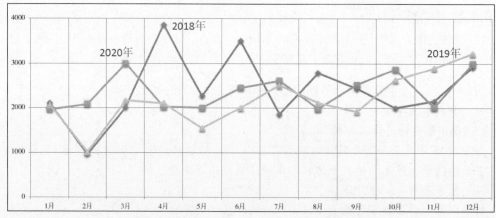

图 10-4 ｜ 2018—2020 年每个月产品的销量变化

2. 历年产品单价变化情况分析

利用统计表和柱形图分析 2018—2020 年这 3 年期间，企业部分产品的单价年均增长变化情况，如图 10-5 所示。

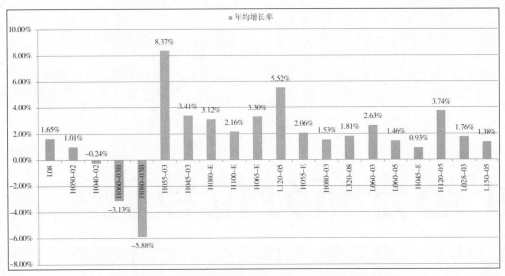

图 10-5 │ 2018—2020 年部分产品单价年均增长情况

 # 10.4 课后练习

（1）简述数据分析报告有哪些作用。

（2）如何理解数据分析报告的专业性这一写作原则？

（3）数据分析报告的正文可以由哪些部分组成？

（4）尝试从招聘、培训和薪酬的角度，对本章所介绍的人力资源数据分析报告加以补充，分析企业的招聘数据、培训数据和薪酬数据，如图 10-6 所示（配套资源：第 10 章\素材\范文补充数据.xlsx）。

（提示：① 通过各招聘渠道的面试参与率和入职率分析招聘情况；

② 通过培训覆盖率、出勤率和通过率分析培训情况；

③ 通过工资总额、人均工资和增长率分析薪酬情况。）

渠道	联系人数	面试	入职人数	面试参与率	入职率
校园招聘	15	14	4		
人才招聘会	8	8	2		
网上招聘	20	15	3		

岗位	在职人数	计划人数	实际人数	通过人数	培训覆盖率	培训出勤率	培训合格率
非生产人员	49	45	45	40			
生产人员	34	30	30	29			

项目	2019年下半年	2019年上半年	2018年下半年	上半年增长率	去年同期增长率
基本工资	¥253,200.0	¥243,600.0	¥239,860.0		
绩效工资	¥168,500.0	¥149,800.0	¥159,400.0		
工资总额					
人均工资					

图 10-6 │ 人力资源相关数据

正态分布分位数表

z_p	0.00	0.01	0.02	0.03	0.04	0.05	0.06	0.07	0.08	0.09
0.0	0.5000	0.5040	0.5080	0.5120	0.5160	0.5199	0.5239	0.5279	0.5319	0.5359
0.1	0.5398	0.5438	0.5478	0.5517	0.5557	0.5596	0.5636	0.5675	0.5714	0.5753
0.2	0.5793	0.5832	0.5871	0.5910	0.5948	0.5987	0.6026	0.6064	0.6103	0.6141
0.3	0.6179	0.6217	0.6255	0.6293	0.6331	0.6368	0.6404	0.6443	0.6480	0.6517
0.4	0.6554	0.6591	0.6628	0.6664	0.6700	0.6736	0.6772	0.6808	0.6844	0.6879
0.5	0.6915	0.6950	0.6985	0.7019	0.7054	0.7088	0.7123	0.7157	0.7190	0.7224
0.6	0.7257	0.7291	0.7324	0.7357	0.7389	0.7422	0.7454	0.7486	0.7517	0.7549
0.7	0.7580	0.7611	0.7642	0.7673	0.7703	0.7734	0.7764	0.7794	0.7823	0.7852
0.8	0.7881	0.7910	0.7939	0.7967	0.7995	0.8023	0.8051	0.8078	0.8106	0.8133
0.9	0.8159	0.8186	0.8212	0.8238	0.8264	0.8289	0.8355	0.8340	0.8365	0.8389
1.0	0.8413	0.8438	0.8461	0.8485	0.8508	0.8531	0.8554	0.8577	0.8599	0.8621
1.1	0.8643	0.8665	0.8686	0.8708	0.8729	0.8749	0.8770	0.8790	0.8810	0.8830
1.2	0.8849	0.8869	0.8888	0.8907	0.8925	0.8944	0.8962	0.8980	0.8997	0.9015
1.3	0.9032	0.9049	0.9066	0.9082	0.9099	0.9115	0.9131	0.9147	0.9162	0.9177
1.4	0.9192	0.9207	0.9222	0.9236	0.9251	0.9265	0.9279	0.9292	0.9306	0.9319
1.5	0.9332	0.9345	0.9357	0.9370	0.9382	0.9394	0.9406	0.9418	0.9430	0.9441
1.6	0.9452	0.9463	0.9474	0.9484	0.9495	0.9505	0.9515	0.9525	0.9535	0.9535
1.7	0.9554	0.9564	0.9573	0.9582	0.9591	0.9599	0.9608	0.9616	0.9625	0.9633
1.8	0.9641	0.9648	0.9656	0.9664	0.9672	0.9678	0.9686	0.9693	0.9700	0.9706
1.9	0.9713	0.9719	0.9726	0.9732	0.9738	0.9744	0.9750	0.9756	0.9762	0.9767
2.0	0.9772	0.9778	0.9783	0.9788	0.9793	0.9798	0.9803	0.9808	0.9812	0.9817
2.1	0.9821	0.9826	0.9830	0.9834	0.9838	0.9842	0.9846	0.9850	0.9854	0.9857
2.2	0.9861	0.9864	0.9868	0.9871	0.9874	0.9878	0.9881	0.9884	0.9887	0.9890
2.3	0.9893	0.9896	0.9898	0.9901	0.9904	0.9906	0.9909	0.9911	0.9913	0.9916
2.4	0.9918	0.9920	0.9922	0.9925	0.9927	0.9929	0.9931	0.9932	0.9934	0.9936
2.5	0.9938	0.9940	0.9941	0.9943	0.9945	0.9946	0.9948	0.9949	0.9951	0.9952
2.6	0.9953	0.9955	0.9956	0.9957	0.9959	0.9960	0.9961	0.9962	0.9963	0.9964
2.7	0.9965	0.9966	0.9967	0.9968	0.9969	0.9970	0.9971	0.9972	0.9973	0.0074
2.8	0.9974	0.9975	0.9976	0.9977	0.9977	0.9978	0.9979	0.9979	0.9980	0.9981
2.9	0.9981	0.9982	0.9982	0.9983	0.9984	0.9984	0.9985	0.9985	0.9986	0.9986
3.0	0.9987	0.9990	0.9993	0.9995	0.9997	0.9998	0.9998	0.9999	0.9999	1.0000

　　查看方法：以本书第 5 章涉及的 $z_{\alpha/2}$ 值为例，当置信水平为 95% 时，则 α 的值为 "0.05"，$\alpha/2$ 的值则为 "0.025"。此时需要在上表中查找 "1-0.025"，即 0.975 这个值。查找发现 0.975 的值左侧对应的首列数据为 "1.9"，上方对应的首行数据为 "0.06"，将二者相加即得 "1.96"，因此 $z_{\alpha/2}$ 标准正态分布的值就是 1.96。